科學
圖書館
開啟孩子的視野

科學
圖書館
開啟孩子的視野

科學
圖書館

開啟孩子的視野

科學
圖書館

開啟孩子的視野

原來科學家這樣想 3

如何測量宇宙膨脹的速度

汪詰 著　龐坤 繪

目錄

導讀

一起探索宇宙的奧祕

李昫岱／屋頂上的天文學家主理人、中正大學兼任助理教授

我像是在海邊玩耍的小孩，
對偶然發現的美麗石頭或貝殼感到滿心歡喜，
卻忘了宇宙中的未知就像眼前大海般遼闊。
——牛頓

還記得小時候對世界充滿好奇，可以在沙灘上玩好久，急切的想知道沙灘上的砂粒有幾顆？為什麼海浪一直拍打著沙灘？海看不到邊，它到底有多大？海水為什麼是鹹的？海的那一邊是哪裡？每一件事都好有趣，好多的問題都想知道答案。

長大後知道的事愈來愈多，漸漸的每件事都變得習以為常，不再新鮮有趣。忙碌的生活和工作的壓力，讓人漸漸失去好奇心。

《如何測量宇宙膨脹的速度》描述天文學家探索宇宙的歷程，仔細看一下他們問的問題，你小時候可能也問過：宇宙有多大？宇宙怎麼來的？天文學家的心裡好像都住著一個長不大的小孩，這些小孩沒

有隨著年齡長大，旺盛的好奇心永遠都想知道為什麼。

　　托勒密認為地球是宇宙的中心，日月行星繞著地球運行。哥白尼提出太陽才是宇宙的中心，行星以圓形軌道繞太陽。伽利略從望遠鏡看到金星出現月亮般的盈虧現象，證實金星繞著太陽運行而不是地球，證明哥白尼的想法是對的。克卜勒則用第谷的觀測資料，推導出行星以橢圓軌道繞太陽運行，讓哥白尼的日心說更加正確。

　　牛頓匯集前人的想法，加上自己獨特的見解，提出萬有引力理論，從此日月星辰的運行，都可以用牛頓力學來解釋。但是還是有一些牛頓力學無法解釋的少數例外，例如水星繞太陽公轉的軌道，與牛頓力學預測有些微的差異，後來愛因斯坦的相對論解決了這些問題。

　　牛頓和愛因斯坦兩位偉大的科學家都認為宇宙是靜止的，不膨脹也不收縮。1922年，蘇聯科學家弗里德曼從相對論中發現宇宙膨脹的可能性，他是最早提出宇宙不是靜止的科學家。1929年，美國天文學家哈伯透過望遠鏡發現整個宇宙正在膨脹，這個觀測上的證據顛覆了眾人的想法。後來的科學家根據這些宇宙膨脹的證據建立了大霹靂模型。

　　仔細看這些科學家，每個人在探索未知的歷程上都像是摸著石頭過河，他們改進前人的想法，接受其他人的檢驗，解決問題後，後人接棒後繼續前進，這正是科學可貴的地方。

　　科學家探索宇宙的腳步從不停歇。1998年，科學家意外發現宇宙不僅僅在膨脹，而且是加速膨脹！科學家認為宇宙加速膨脹來自於一股看不見、未知的能量，所以稱它為暗能量。另外，宇宙中除了我

們熟悉的一般物質，還有所謂的暗物質，暗物質跟暗能量一樣都看不見，暗物質的量是一般物質的5倍！

　　什麼是暗物質？為什麼比物質多卻看不見？暗能量又是什麼？這些宇宙的未解之謎，等待新一代科學家加入探索的行列，提出新的想法和思維，繼續探索宇宙的奧秘！

教孩子像科學家一樣思考

　　近兩年，每當我舉辦親子科普講座後，最多家長提問的問題是：「汪老師，能不能推薦幾本科普好書給我家孩子呢？」坦白說，此時我總是有點尷尬，因為我無法脫口而出，熱情地推薦某一本書。

　　回想我小時候看過的科普書，主題大多是「飛碟是外星人的太空船」、「金字塔的神祕力量」等「世界未解之謎」。現在看來，這些書的內容多半屬於偽科學，毫無科學精神可言。

　　當我有分辨科普書的能力時，已經快三十歲了，自然不會再看寫給青少年的科普書。後來，隨著女兒漸漸長大，我開始為她挑選科普書，這才發現，想找到一本讓我完全滿意的青少年科普書，竟然那麼難。雖然市面上有《科學家故事100個》、《10萬個為什麼》、《昆蟲記》、《萬物簡史（少兒彩繪版）》等優秀作品，但我希望孩子閱讀科普書不僅能掌握科學知識，還能領悟科學思維。所謂科學素養，包括科學知識和科學思維，兩者相輔相成，缺一不可。只有兩者均衡發展，才能有效提升個人的科學素養。

也就是說，科學知識要學，但不能只學科學知識；科學家的故事要看，但也不能只看科學家的故事。

比科學故事更重要的是科學思維。

因此，我想寫一套啟發孩子科學思維的叢書，為他們補充並強化科普知識。

跟孩子講如何學習科學思維，遠比成人困難得多，因為科學思維講求邏輯和實證，這些概念比較抽象。若想讓孩子理解抽象的概念，必須結合具體的科學知識和故事，而不是說教。所以，給青少年看的科普書，首要重點是「好看」，沒有這個前提，其他都是空談。

在《原來科學家這樣想》這套叢書中，我會用淺顯易懂的語言、生動的故事，解答孩子最好奇的問題。例如：可能實現時間旅行嗎？黑洞、白洞跟蟲洞是什麼？光到底是什麼？量子通信速度可以超光速嗎？宇宙有多大？宇宙的外面還有宇宙嗎？……除了回答孩子的10萬個為什麼，更重要的是教孩子像科學家一樣思考。

科學啟蒙，從這裡開始。

第 1 章

大地的形狀

天文學的誕生

這是一部我們認識星空的歷史，
更是一部人類理性崛起的歷史。

　　每逢天氣晴朗的夜晚，我都喜歡仰望星空。蒼穹之上，繁星點點，無限浩瀚。望著深邃的宇宙，我總是呆呆地出神很久。

　　20多萬年前，也是在同樣的星空下，一個智人閃過一個念頭：星星是什麼？人類文明的曙光正是從這一刻劃破黑暗，浩瀚的宇宙中從此誕生地球文明。會問「為什麼」的智人不再只是動物了，他們成為萬物之靈的人類。他們開始追問：為什麼會有白天黑夜？為什麼太陽東升西落？為什麼會有日食月食？……

　　在遠古時代，這些最為樸素的天文學問題是全世界所有智者面臨的第一批問題，因此，從人類誕生的第一天起就誕生了天文學。實際上，所謂的智者就是人類中率先產生好奇心的人，他們試圖回答的問題就是自己心中的疑問。

| 20多萬年前，智人仰望星空。 |

　　我想帶著你重新走一趟人類提出問題、解決問題的艱辛歷程。這是一部我們認識星空的歷史，更是一部人類理性崛起的歷史，跌宕起伏，扣人心弦。你準備好了嗎？

大地之下，天邊之後

古人對於宇宙的看法來自直觀的感受，
天空看起來像一口倒扣的鍋，大地則是被神龜駝著。

　　故事要從2500多年前的古希臘說起。在愛琴海旁邊的巴爾幹半島上，住著一群具有遠見卓識的希臘人，他們最愛做的一件事就是辯論。

　　這一天，陽光明媚，風和日麗。在一個廣場上，一群知識份子聚集在一起，他們正在爭論天地結構和大地的形狀。

　　一位老者張開雙臂，大聲說道：「天空就像是一口倒扣著的鍋，覆蓋著平整的大地，在天與地的盡頭，就是天邊。」

　　有人問：「老先生，天邊有什麼呢？」

　　老人哼了一聲：「還能有什麼？見過懸崖嗎？天邊之後就是萬丈深淵。當然啦，天邊很遠，至今也沒有人能真正走到那裡。」

　　那人又問：「再請教一下，大地的下面有什麼呢？」

　　老人回答說：「大地之下就是無盡的海洋啊！」

| 第一位老者認為，天空像一口鍋倒扣在大地上。 |

話還沒說完，就被一聲冷笑打斷。人群中另外一位老者說道：「胡說，大地之下怎麼可能是海洋呢？！你見過石頭能浮在水面上嗎？大地是石頭組成的，如果下面是海洋，大地早就沉下去了。」

第一個老人一時語塞，漲紅臉，惱怒地說：「那你說是什麼？」

那位老者一本正經地說：「烏龜！」

人群中頓時有人忍不住笑了出來。

老者大聲說道：「有什麼好笑？我從各處的傳說中發現，大地是被一隻神龜馱著的，只有龜的硬甲才能支撐住大地。」

沒想到人群中的笑聲更大了，有人問：「那你說說看，這隻烏龜又被什麼馱著的呢？」

老者得意地說：「我就知道你們會這麼問，告訴你，年輕人，神龜之下還是另一隻神龜，無數的神龜，一隻馱著一隻。」

老者的發言卻引來更大的哄笑聲。此時，從人群中走出一位中年人，氣宇軒昂，目光如炬，他走到高處。

大家一看到他，都安靜下來，有人竊竊私語說：「畢達哥拉斯先生也來了！」

| 第二位老者認為，大地是被一隻又一隻的神龜馱著。 |

畢達哥拉斯的思辨

用思辨代替實證，
是早期哲學家最普遍的一種思維模式。

畢達哥拉斯（Pythagoras，約西元前570～495），古希臘哲學家、數學家。他提出地球是球狀的觀點，影響了之後的托勒密、克卜勒等天文學家。

畢達哥拉斯（Pythagoras）是遠近聞名的大數學家。眾所周知，他對數字有一種近乎瘋狂的熱愛，可以隨口說出自己的褲子用幾塊布料縫製、今天一共走了多少步、從上一次跟人爭辯到今天經過了幾天等等。總之，在畢達哥拉斯看來，這個世界就是由數字組成的，任何事情他都要把它們分解為數字去研究。但他平生最害怕的問題，就是被問到頭髮和鬍子的數量，如果不是技術的原因，他早就想把自己的頭髮和鬍子全部

剃掉了。他一現身，大家都伸長脖子聽他說話。

畢達哥拉斯緩緩地說道：「在自然界中，圓形是最美的平面圖形，而球體則是最完美的立體形狀。神創造天地萬物，熱愛完美，所以，大地不是平的，它必然是一個完美的球形。」

此言一出，人群中頓時發出陣陣驚呼。

最先發言的那位老者質問道：「一派胡言！如果大地是球形的話，為什麼我們拿一張地毯就可以平整地鋪滿地面，而沒有凸起的地方呢？」

可笑至極！

大地是一個完美的球形。

畢達哥拉斯指著身邊一棵三人合抱的大樹說：「看，這棵樹上有一隻螞蟻正在爬，我敢保證，在這隻螞蟻看來，這棵樹的表面也是平的，螞蟻的眼界太小了。人類在大地上，就像這隻螞蟻在大樹上，我們的目光所及之處實在是太有限了，所以我們會認為大地是平的。」

老者大手一揮，說道：「可笑至極啊！如果你的說法是對的，那麼我們朝著遠方一直走，豈不是就會慢慢地頭朝下而掉下去了嗎？你們見過傾斜的大地嗎？」

畢達哥拉斯笑了起來：「你不用擔心，大地很大，大到遠遠超乎我們所有人的想像。當大地逐漸傾斜到一定角度的時候，那裡一定寸草不生，會有一個很長的荒蕪的過渡帶，或許用我們的一生都走不到那裡。你們難道要質疑天地萬物的和諧完美嗎？」

畢達哥拉斯是那個時代最偉大的智者之一，他的思想超越同時代的大多數哲學家，由他開創的畢達哥拉斯學派曾經創造過許多輝煌成就。然而，畢達哥拉斯的問題在於，他不屑於去尋找實實在在的證據，認為用數學就足以證明大地是球形的了。我們把畢達哥拉斯這種尋找答案的方式稱為思辨 —— 思考和辨析。用思辨代替實證是早期哲學家最普遍的一種思維模式。

亞里斯多德的證據

> 亞里斯多德是第一個透過實證，
> 而不是思辨的方式思考大地形狀的人。

但是，想要尋找這個世界的真相，僅有思辨是不夠的。缺乏證據，是畢達哥拉斯球形大地說最大的弱點。在畢達哥拉斯死後100多年，一個叫作亞里斯多德（Aristotle）的哲學家突然站出來，再次向世人宣稱大地是球形的。他的觀點在知識分子當中引起極大的回響，不僅因為他有很高的聲望，最重要的是，亞里斯多德提出三個重要的證據。

> 亞里斯多德（Aristotle，約西元前384～322），古希臘哲學家、科學家、教育家。跟蘇格拉底、柏拉圖一起被稱為希臘三哲，為西方哲學的奠基者。

第一個證據：如果你在海邊看著一艘帆船遠離你而去的話，首先會看到船身消失，然後再看到桅帆消失，而不是看到它們同時縮小成一個愈來愈小的點，最後看不見。反過來，當帆船向你駛來的時候，你總是先看到桅帆，再看到整個船身。

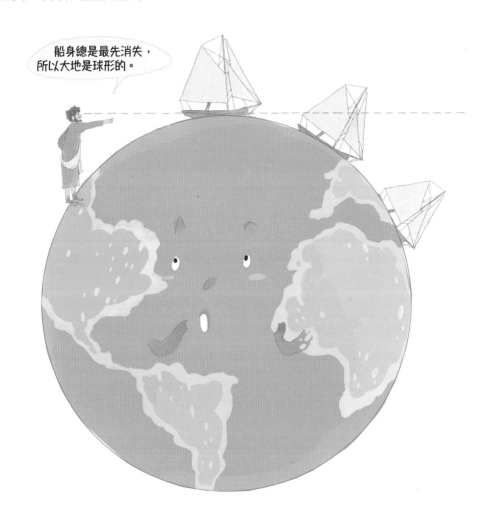

| 在海邊看著一艘帆船遠去，你總是會先看到船身消失，然後再看到桅帆消失。 |

第二個證據：在晴朗的夜晚，如果朝北極星的方向一直走的話，就可以觀察到身後有一些星星逐漸消失在地平線上，而前方總是會慢慢升起另外一些星星。

| 亞里斯多德認為大地是球形的，這是他的第二個證據。 |

第三個證據：當發生月食的時候，我們會看到月亮慢慢地落入地球的影子中，而陰影的邊緣是一道弧線，這是大地是球體的最好證據。

亞里斯多德提出的三個證據，在知識分子的圈子裡，引起很大的回響，同時也引發激烈的辯論。反對者針對這三個證據提出反駁。

針對帆船消失的問題，有人提出，或許海面上的空氣密度和透明度隨

月食發生時，陰影的邊緣是弧形的，說明大地是球形的。

| 亞里斯多德的第三個證據。 |

著高度而變化。船開到遠處，下面的空氣重，透明度沒有上面的空氣好，所以我們就看到船從下往上逐步消失，其實這只不過是空氣變的魔術而已。

針對星星與地平線的高度差問題，在當時很難驗證，因為光靠兩條腿走路，速度實在是太慢了，想要體會到星星與地平線的高度差，著實不容易。也有人懷疑，亞里斯多德觀察到的高度差異，說不定是地平線的微小起伏造成，就像紙張上也會有一些皺褶。

對於第三個證據，爭議就更大了，因為這關係到月食的成因。亞里斯多德的老師柏拉圖認為月亮是自己發光，地球的影子不可能影響到月亮的光輝，需要用其他理論解釋月食現象，比如，說不定月亮自身有一個類似遮罩的結構，不時地就會在月亮表面出現呢！

俗話說，真理愈辯愈明。亞里斯多德有一句名言：「吾愛吾師，吾更愛真理。」他是第一個透過實證而不是思辨的方式思考大地形狀的人，他提出的三大證據在今天看來都確鑿無疑。但是，在2000多年前的古希臘，人們依然不能接受大地是球體的論斷。哪怕是創造輝煌文明史的中國人，直到清朝，都依然堅守天圓地方的「常識」。並不是古人的智商比現代人低，事實上，人類的智商在5000多年中並沒有明顯的提升，現代人的「聰明」只是知識累積和教育水準提升所帶來的假象。

古代先哲很難接受大地是球形的客觀事實，真正原因依然是畢達哥拉斯也想不通的問題：如果地球真的是球形，為什麼我們不會走著走著就腳朝上、頭朝下而「掉下去」呢？我想再三提醒你們，這並不可笑，它是一個非常嚴肅的問題，以致於在此後的2000年中，許多聰明無比的古代科學家都被這個問題折磨一生，他們的常識和觀測到的證據產生嚴重的矛盾。直到驚世天才牛頓出現，才結束他們的夢魘，讓他們再也不會在噩夢中「掉下去」了。關於牛頓的故事，後面再詳細說明。

05
Section

思辨不能取代實證

> 古希臘時代就引發爭論的大地形狀問題，
> 人類經過大約2000年的努力，終於有了定論。

在中國古代，主要流行三種關於天地結構的思想，分別是蓋天說、宣夜說和渾天說。

蓋天說認為天圓地方，這也是中國最早關於天地結構的文字紀錄，它最符合人們的直觀視覺體驗。全世界的人最初想法都一樣。

宣夜說認為，天就是由無盡的氣所組成，日月星辰全都飄浮在無

看，大地被天空覆蓋著！

| 蓋天說認為天圓地方。 |

邊無垠的氣體中。

渾天說則是中國古代流傳最廣、影響最深的一種天地觀。張衡在《渾天儀注》中寫道：「渾天如雞子，天體圓如彈丸，地如雞子中黃，孤居於內，天大而地小。」表示渾天說的概念如右圖。

從這幅圖可以看到，大地是漂浮在水面上的一個半球形，水面

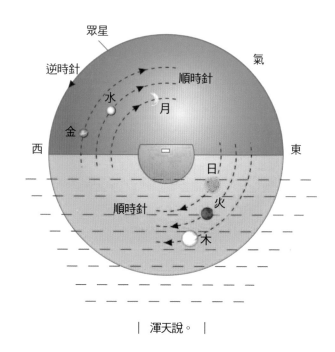

| 渾天說。 |

上的部分是平的，水面下的部分是半球形，日月星辰繞著大地旋轉，時而掛在天上，時而落入水下。古代中國人確實認為日月星辰都是可以在水中穿梭。

雖然渾天說看上去好像更接近真實的情況，其實古代這些學說，從本質上來看並無高下之分，因為它們都是思辨的產物，跟畢達哥拉斯的思考方式一樣。

從亞里斯多德開始，人類當中的一小部分智者終於意識到，要發現大自然的真相，光靠腦袋想是不夠的，一定要親自動手動腳，透過細微的觀察尋找證據，才能發現大自然的真相。

「地平說」和「地圓說」在此後的1500多年中，依然為人們所爭辯不休。但是，實證思想一旦開啟，人類就會向著正確的方向前進，不可能

再回頭了。愈來愈多人認識僅有思辨是不夠的，比思辨更重要的是找到證據，在這種思想的指引下，大地是球形的證據接二連三地出現。

1522年，著名的麥哲倫船隊完成環球航行的壯舉。他們從西班牙出發，在大海上一路朝著太陽下山的方向航行，終於在3年後又回到出發地點，完美地證明大地是球形。自此，從古希臘時代就引發爭論的大地形狀問題，人類經過大約2000年的努力，終於有了定論。

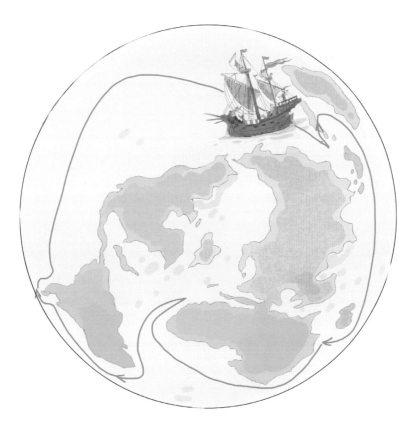

| 麥哲倫船隊完成環球航行，完美地證明大地是球形。 |

本章故事希望讓你記住的科學精神是：

思辨不能取代實證。

我們用眼睛很難發現大地是球形的，同樣的道理，我們用眼睛也很難發現：不是太陽繞著地球轉，而是地球繞著太陽轉。你知道人類是如何發現地球繞著太陽轉這個事實嗎？請看下一章。

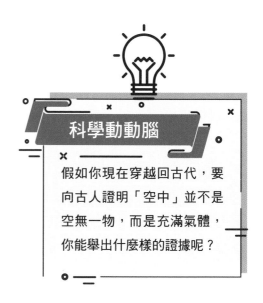

科學動動腦

假如你現在穿越回古代，要向古人證明「空中」並不是空無一物，而是充滿氣體，你能舉出什麼樣的證據呢？

第 2 章

日心說與
地心說之爭

行星的奇怪運動路徑

古希臘哲學家阿波羅尼奧斯提出本輪與均輪的模型，
奠定古代天文學的基礎。

今天，每一個人都知道地球繞著太陽轉，太陽才是太陽系的中心。可是，這個知識你是怎麼知道的呢？你一定會說，是從課本上學來。但是，假如你面前有兩種課本，一本說地球繞著太陽轉，另一本說太陽繞著地球轉，你會相信哪一個說法呢？

實際上，4、500年前，歐洲各國的大學中，就有著這樣兩種課本，一種教授托勒密（Claudius Ptolemy）的地心說，另一種教授哥白尼（Nicolaus Copernicus）的日心說。這兩種教材長期共存上百年，托勒密的地心說教材才逐漸退出歷史舞台。可見，關於地球和太陽到底是誰繞著誰轉，答案並沒有那麼顯而易見。

哥白尼的日心說，到底是如何擊敗托勒密的地心說，成為今天課本上的知識呢？

人人都知道太陽每天東升西落，所以古人認為太陽繞著地球轉是天經地義的事，根本不需要爭論。如果讓你回到古代，每天早上看到太陽從東方升起，傍晚從西方落下，一定也會得出太陽繞著地球轉的結論吧！古人不僅認為太陽繞著地球轉，還認為所有的天體都繞著地球轉，因為天上的星星大多也是每天晚上從東方地平線升起，清晨則消失在西方地平線下。

但是，這個單純的想法遇到一個不小的麻煩，人們發現，金木水火土

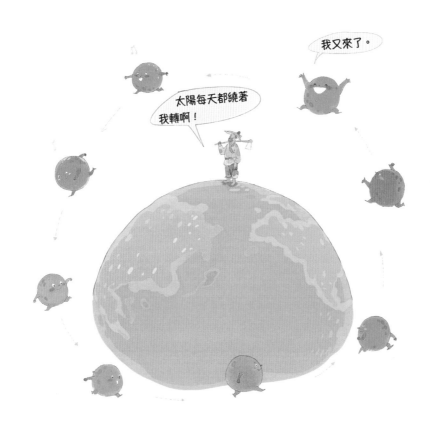

| 古人認為太陽繞著地球轉是天經地義的事。 |

這五大行星，並不像太陽那樣每天都很有規律地按時東升西落，而是經常會前進或後退。最典型的就是火星，它雖然看上去總是繞著地球轉，但時而會後退，時而又像是停在原地不動。這個奇怪的現象曾困擾古人很久，後來，聰明的古希臘哲學家阿波羅尼奧斯（Apollonius of Perga，約西元前262～190）想出一個解決方案。

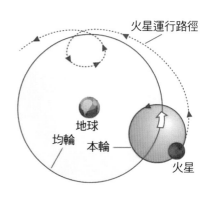

| 本輪均輪的模型。 |

　　他說，行星運動的軌跡是一個個圓。首先，每個行星都繞著一個中心點做著等速圓周運動，這個運動軌跡形成的圓叫作「本輪」（epicycle）；而本輪的中心點又繞著地球做著等速圓周運動，這個中心點的運動軌跡形成的圓叫作「均輪」（deferent）。有了本輪和均輪，就能解釋行星在天上奇怪的運行軌跡了。

　　可以說，本輪均輪的模型奠定古代天文學的基礎，有這個基礎，才有後來一位羅馬帝國天文學家的傑出成就，這位天文學家叫托勒密。

克勞狄烏斯·托勒密（Claudius Ptolemy，約100～170），古代偉大的天文學家、數學家、地理學家。著作《天文學大成》集古希臘天文學之大成，影響天文界近14個世紀。

古代天文學之大成

托勒密的地心說模型是天文學史上第一本正統的教科書，
也是之後1300多年中，唯一的一本教科書。

托勒密的祖籍是希臘，他深受古希臘文明的薰陶，精通其發展出來的天文學、數學、哲學等學科。他本人是羅馬帝國公民，住在亞歷山大城。托勒密一生痴迷天文學，並且是真正的實作派，醉心於天文觀測。他的觀測室中，擺滿別人或者他自己發明的各種天文觀測儀器。每到晴朗的夜晚，托勒密總是聚精會神地觀測行星

| 托勒密一生痴迷天文學。 |

的運動，認真測量並記錄各種資料。除了觀測，托勒密對前人的理論也是如數家珍。但是，他對天體運動的觀測愈深入，對前人的理論愈感到疑惑，他有一種迫切的使命感，認為必須總結前人的所有理論，然後再結合自己的實際觀測資料，完成一部古往今來集大成的天文學著作。

托勒密思考的首要問題是：日月星辰每天都會「東升西落」，這是所有天體最大的共同規律，造成這個現象的數學原理到底是什麼呢？托勒密查遍典籍，按照最「正統」的理論，發現原因是所有的天體都在一個每天轉一圈的「同心球」或者「本輪」上。他也查到一些前人的不同見解，尤其是一個叫作阿里斯塔克斯（Aristarchus，約西元前310～230）的古希臘天文學家、數學家的大膽觀點，更引起托勒密的注意。

阿里斯塔克斯認為，日月星辰之所以每天東升西落，原因很簡單，我們的大地，也就是「地球」每天都要自轉一周，從我們的角度看過去，就變成了日月星辰每天繞著我們轉了一周。然而，阿里斯塔克斯卻提不出什麼證據來佐證這個觀點。他之所以提出這樣的觀點，完全是出於數學上的考慮，認為用地球自轉解釋日月星辰的視運動，最簡單和諧。

你或許會想，為什麼托勒密沒想到日月星辰繞著地球轉是地球自轉造成的視覺現象呢？可別小看古人了，其實古人的智商與現代人沒有什麼差別，如果托勒密活在現代，說不定能考上大學指考榜首呢！不光是托勒密，還有別的古希臘哲學家也想過地球自轉的可能性，因為用地球自轉解釋日月星辰每天繞著地球轉一圈最簡單明瞭，托勒密也完全能想到。

但是，托勒密卻怎麼也想不通另一個問題。如果腳下的大地一直在轉動的話，天上的雲彩為什麼不會向西邊飄去呢？再比如，我們往上扔一塊石子，總是會落回到我們的手上。如果我們是隨著大地一起轉動的話，拋出去的石子在落下來的時候，必定會往西偏一個角度。正因為這些問題都

找不到合理的解釋，托勒密才無法接受地球自轉的觀點。在他那個年代，托勒密的思考完全合乎邏輯。這個問題在托勒密去世後，又過了1500多年，才被伽利略解決，而我們現在都知道，答案是因為物體有慣性。

　　托勒密耗費畢生心血，終於在晚年時完成地心說模型。托勒密詳細描述宇宙的結構、日月星辰如何運動。最厲害的是，托勒密還寫出日食、月食的計算方法，用這套方法就能比較準確地預測何時會發生日食、月食，持續多久會結束，也能準確地預測五大行星的運動軌跡。

| 阿里斯塔克斯認為，日月星辰每天東升西落，是因為地球每天都要自轉一周。 |

| 托勒密怎麼也想不通的問題。 |

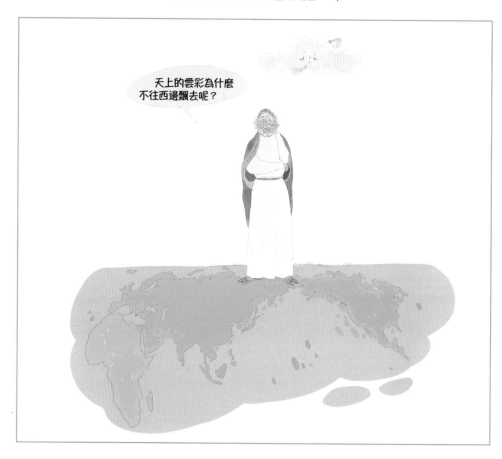

　　托勒密的地心說模型是天文學史上第一本正統的教科書，也是之後
1300多年中，唯一的一本教科書。所以，你以後聽到托勒密的地心說，
不要再覺得愚蠢，它可是厲害得很呢！它的內容不只是「地球是宇宙的中
心」這樣一句話就能概括，書裡還有令人眼花撩亂的數學計算。

08
Section

哥白尼單挑托勒密

> 哥白尼用30多年完成《天體運行論》，
> 包含嚴格的數學論證和定量計算方法。

光陰荏苒，歲月如梭。1300年，對於宇宙來說，只是一瞬間，但對於人類來說，卻是生生死死幾十代，數個王朝興亡更替。歐洲終於結束漫長而黑暗的中世紀，思想文化啟蒙運動席捲歐洲大陸，史稱「文藝復興」。在波蘭的弗龍堡大教堂，哥白尼神父正在孜孜不倦地刻苦鑽研天文學。

托勒密的學說早就被哥白尼啃得連渣都不剩，但哥白尼並不覺得高興，相反的，他對托勒密的學說提出疑義。因

尼古拉·哥白尼（Nicolaus Copernicus，1473～1543），文藝復興時期波蘭的天文學家、數學家、神父。

為在托勒密的理論中，本輪和均輪加起來一共80多個圓形軌道，早就有人吐槽說，托勒密的模型像是大跳蚤背著小跳蚤，而小跳蚤又背著更小的跳蚤，直至無窮無盡。而且，更悶的是，都已經發現那麼多圓形軌道，計算已經如此之複雜了，計算結果與實際觀測卻還總是對不上，差幾小時都算是很不錯了，有時候甚至會差好幾天。

於是，哥白尼下定決心要改進托勒密的模型。其實有一個現成的好方案，就是讓地球每天自轉一圈，並且把太陽放到宇宙的中心位置。這樣一

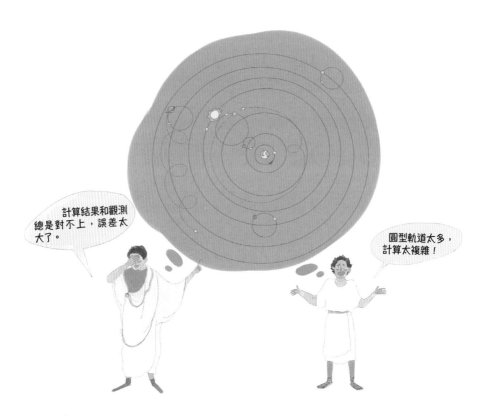

有人吐槽托勒密的模型就好像是大跳蚤背著小跳蚤，
小跳蚤又背著更小的跳蚤，太複雜，且誤差大。

來，計算就會變得簡單許多，本輪和均輪的數量一下子就能減少50個。哥白尼的偉大之處並不在於他想到前人從未曾想到過的模型，日心說其實並不新鮮，在哥白尼之前已經有很多人都想到。

阻止人們接受日心說的原因，除了前面講的那些困擾托勒密的問題，還有另外一個更加重要的原因——《聖經》的權威性。《聖經》有一段經文清楚地記載上帝的化身耶和華命令太陽暫停一下，意思是說，太陽、月亮原本繞著地球轉動，才需要被上帝命令暫停一下。如果是地球繞著太陽

我在這裡，你就別想過去！

| 在中世紀的歐洲，宗教裁判所擁有無上的權威。 |

轉，上帝就得命令地球暫停一下才對。那時候的人們信仰《聖經》，認為它至高無上，既然《聖經》都說是太陽在動，誰還敢不相信呢？在中世紀歐洲，宗教裁判所的權威比任何法院都要大得多，它可以輕易地剝奪一個人的生命。在那樣的社會環境中，任何與《聖經》相悖的思想都算是大逆不道，別說寫出來了，連想都不能去想，《聖經》是中世紀天文學發展的最大阻礙。

別忘了，哥白尼自己就是神父，他要衝破《聖經》的束縛，需要多麼大的勇氣啊！實際上，他為此掙扎10多年，直到41歲時才下定決心，要衝破思想的牢籠。他最終用30多年才完成天文學史上具有革命性質的著作《天體運行論》（ *De revolutionibus orbium coelestium* ），這是一道劃破黑暗的閃電，也是思想解放的讚歌。

這部書總共分為六卷：第一卷是總論，闡述日心說體系的基本觀點，在該卷的第十章中，他繪出一幅宇宙總結構的示意圖，上面清楚的表明哥白尼日心說的觀點；第二卷應用球面三角解釋天體在天球上的視運動；第三卷講太陽視運動的計算方法；第四卷講月球視運動的計算方法；第五、六卷則是行星視運動的計算方法。

《天體運行論》是一部厚厚的大部頭著作，它不僅僅闡述一些思想，畫幾個模型而已，而是包含嚴格的數學論證和定量計算方法。也就是說，學通《天體運行論》，就可以計算天上的星星在未來任何一個時刻的位置，精確地預測日食與月食。這套計算方法比托勒密的方法簡潔得多，而且精密度更高。

| 哥白尼日心說的總體圖像。 |

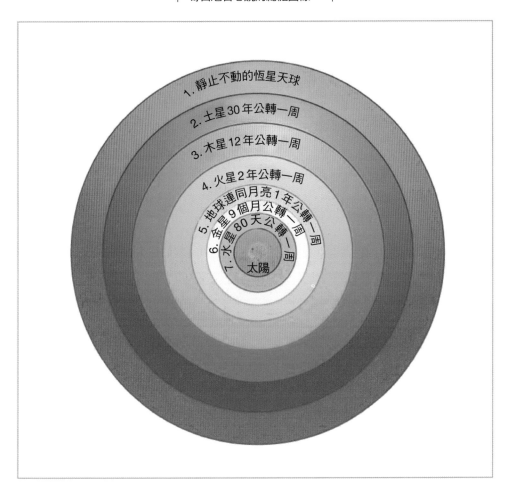

1. 靜止不動的恆星天球
2. 土星30年公轉一周
3. 木星12年公轉一周
4. 火星2年公轉一周
5. 地球連同月亮1年公轉一周
6. 金星9個月公轉一周
7. 水星80天公轉一周
太陽

思想不能有盲點

> **科學精神中，有一個很重要的原則，**
> **就是承認自己會犯錯，沒有絕對的正確。**

你可能很難想像，在人類歷史上的絕大部分時間，每個人能想什麼、不能想什麼都有嚴格的限制。比如說，在歐洲，曾經有過1000多年的中世紀時期。在那個時代，人人都被要求信仰上帝，每個人都必須無條件地相信《聖經》中記錄的每一個字。《聖經》說上帝用7天的時間創造世界，人們就不應該再去思考「世界是怎麼來的」這個問題。

本章故事想讓你記住的科學精神是：如果有一位「大師」說他已經看破宇宙的玄機，或者發現自然的終極奧義，建議你不用理會他。

思想不能有盲點。科學精神中，有一個很重要的原則，就是承認自己有可能犯錯，沒有絕對的正確。

不過，哥白尼的日心說也無法令人完全滿意，因為它的模型依然保留本輪和均輪，加起來還有34個之多，雖然比托勒密的模型少，但計算起來仍然極為繁複，而且計算值與觀測值還有不小的出入。所謂長江後浪推前浪，在哥白尼去世28年後，一位德國天文學家出生，他最終完成對日心說的完美修補。他是誰呢？請看下一章。

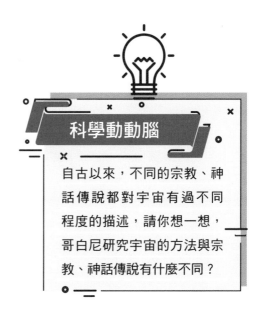

科學動動腦

自古以來，不同的宗教、神話傳說都對宇宙有過不同程度的描述，請你想一想，哥白尼研究宇宙的方法與宗教、神話傳說有什麼不同？

學習筆記

第 **3** 章

天空
立法者

第谷的臨終託付

1609年克卜勒出版《新天文學》一書，
揭示行星運動規律的祕密。

> 第谷‧布拉赫（Tycho Brahe，1546
> ～1601），丹麥天文學家。被譽為
> 在望遠鏡發明之前，最偉大的天文
> 觀測者。

西元1601年是哥白尼去世後的第58年，這一年深秋的某天，30歲的克卜勒（Johannes Kepler）正急急忙忙地趕往老師第谷（Tycho Brahe）的家中。據傭人來報，第谷突發急病，快不行了，他指名要見克卜勒，似乎有什麼非常重大的事情要交代給克卜勒。

克卜勒的老師第谷是天文學史上非常著名的人物，他跟托勒密一樣，一生痴迷天文觀測，比托勒密

第谷靠丹麥國王的資助，建造當時全世界最好的天文台。

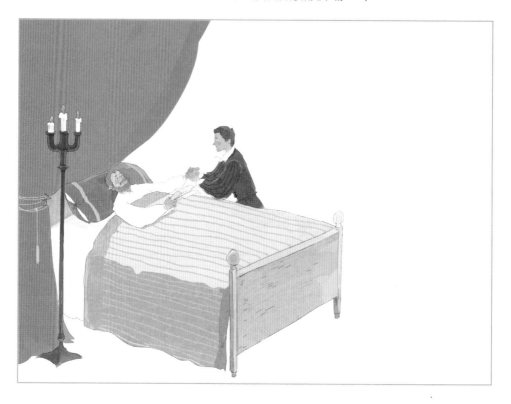

　　幸運的是，他得到丹麥國王的資助。國王賞給他一座小島和一大筆錢，讓他在島上建造一座可能是當時全世界最好的天文台，並製造世界上最好的天文觀測儀器。這些儀器倒不是望遠鏡，第谷生活的那個年代，望遠鏡還沒發明呢！這些儀器是用來幫助肉眼給天上的星星定位用。

　　第谷在小島上一住就是21年，要不是國王去世，使他失去經濟來源，他有可能終生都會在島上觀測星星。21年如一日的觀測，讓第谷擁有當時世界上最齊全、精度最高、時間跨度最長的恆星和行星的觀測資料，第谷將它們視為生命一般。

在第谷即將走到生命盡頭時，他匆忙找來學生克卜勒。他要託付什麼東西給克卜勒呢？原來，第谷把自己投入畢生心血的觀測資料都交給克卜勒，希望他能繼承自己的遺志。為什麼第谷選中克卜勒呢？

克卜勒是歷史上的天文學奇才。克卜勒是典型的貧寒人家出身，但如同大多數勵志故事一樣，窮苦的克卜勒一路靠著獎學金念到大學畢業。他是個數學天才，頭腦

約翰尼斯‧克卜勒（Johannes Kepler，1571～1630），德國傑出的天文學家、物理學家、數學家。

非常聰明。跟哥白尼頗為相似的是，他大學的專業也是神學，但是卻痴迷天文學。不過，上天似乎有意刁難這個苦孩子，喜愛天文的他居然視力極為糟糕，而且年齡愈大愈糟糕，所以高度近視的克卜勒與天文觀測基本無緣。然，這個弱點卻成就克卜勒的傳奇，正因為他無法整夜地趴在樓頂看星星（不是他不想，確實是心有餘而力不足），他反而獲得整夜趴在書桌上計算的時間。別人用眼睛研究天上的星星，克卜勒只需要別人的觀測記錄，再加上紙和筆就足夠了。

克卜勒拿到第谷的寶貴資料時，剛好30歲。接下來的8年，他全力以赴地研究火星。他夜以繼日地畫圖、計算，終於迎來突破，行星運動規律的祕密被克卜勒揭示，人類第一次真正意義窺視到了宇宙的奧義。1609年，他出版《新天文學》（*Astronomia nova*）一書。8年的艱辛探索，最後凝結成兩個簡潔無比的定律，它們就是克卜勒第一定律和第二定律。

克卜勒第一定律

克卜勒衝破思想的枷鎖，
把事實擺在第一位。

行星繞日運行軌道是橢圓，太陽位於其中的一個焦點上。

千萬別小看這個看似簡單的第一定律，人類要跨越到這一步並不簡單，同樣要衝破一些思想上的枷鎖。在哥白尼的模型中，之所以還有那麼多的本輪，最重要的原因就是，哥白尼恪守一個他認為必須遵守的原則，那就是從古希臘時代傳承下來的和諧與完美的原則。哥白尼

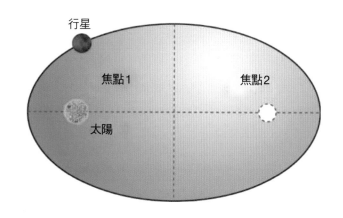

| 克卜勒第一定律。 |

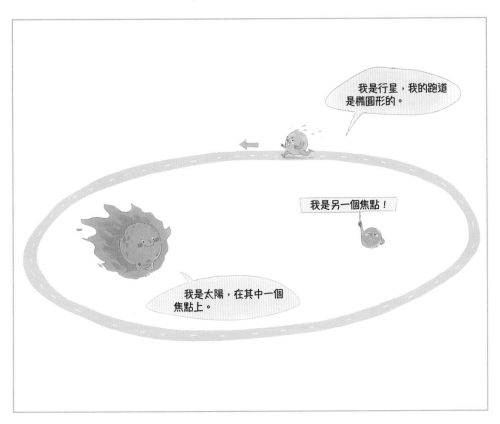

實際上也發現，如果把均輪改為橢圓就可以簡化計算，但是他堅信，神聖的自然法則一定完美，在他看來，只有正圓才算完美，他無法接受橢圓。這種完美主義的思想是那個時代的神學家、哲學家和天文學家普遍持有的執念，請注意，那個時代還沒有現代意義上的科學家，因為現代科學思想正在啟蒙，還沒有真正誕生。

但是就在這樣的環境下，克卜勒衝破思想的枷鎖，丟掉完美主義的執念，把事實擺在第一位，不給自己預設各種「原則」。

克卜勒第二定律

有了克卜勒兩個定律後，
只需要7個橢圓就足以取代哥白尼34個圓。

在相同的時間內，同一行星到太陽的連線在軌道掠掃過的面積相等。

換句話說，這個定律表達的是，地球距離太陽愈近，轉動的速率就愈快，反之則愈慢。你看，這又是打破哥白尼完美思想的一個定律！哥白尼和托勒密都堅持認為，只有等速圓周運動才是神聖而完美，所以他們寧可多畫很多個本輪，也要恪守此原則。

但是，克卜勒衝破思想的枷鎖，無論用什麼樣的詞語讚美克卜勒的這兩項偉大發現都不為過。這是人類第一次真正揭開天體運行的奧祕。克卜勒以一人之力，把人類的智慧擴展全地球以外的世界，他當然可以稱得上

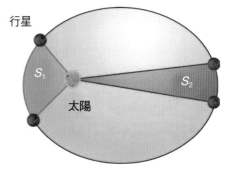

行星

S_1

S_2

太陽

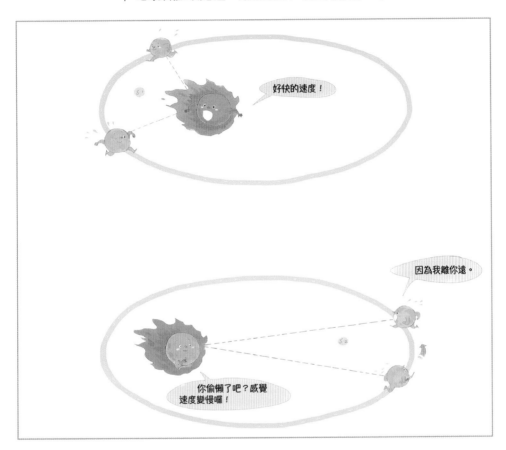

是人類的英雄。

　　有了克卜勒這兩個定律之後，只需要用7個橢圓（金、木、水、火、土、地球、月亮的運動軌道）就足以取代哥白尼的34個圓，計算起來不但簡潔明瞭，而且精密度大為提高。在現代人看來，這才是真正的宇宙和諧之美啊！

　　此時的克卜勒剛滿38歲，正當壯年，他當然不會就此停止探索的腳

步。在他20多歲時，他就堅信行星到太陽的距離之間一定存在某種神祕的連結。當時他奇思妙想，世界上只有五種正多面體（正四面體、正六面體、正八面體、正十二面體和正二十面體），而天上剛好也只有五顆行星，這必然不是巧合，宇宙一定按照正多面體的方式安排五大行星的位置。當然，克卜勒很快就拋棄這種想法，但是他依然堅信行星的位置有規律可循，絕不是任意。他又踏上新的探索之路，這一走就是整整10年。

　　克卜勒是學術上的幸運兒，卻是生活中的苦命兒。在38歲到48歲的這10年間，悲劇屢屢降臨。先是工作單位總是發不出薪水，然後又丟了工作，家裡沒有錢吃飯，接著兒子和妻子相繼病逝，再來被迫搬家。一連串的生活變故接踵而至，讓克卜勒疲於奔命，但他心中對天文學的熱情卻從未熄滅，一有時間，他就拿起紙筆，開始演算。遭受不計其數的失敗之後，皇天不負有心人，1619年，克卜勒奇蹟般地發現行星運動第三個定律。說是奇蹟，一點都不誇張，因為第一和第二定律並不是那麼驚世駭俗，還是比較直觀，但是第三定律卻不一樣，它的內容讓人大為驚詫。我真是忍不住驚嘆，克卜勒到底怎麼發現？從成千上萬的資料中找出這樣的一個規律，除了勤奮之外，絕對還需要一些神奇的天賦異稟。我們看看第三定律的內容。

克卜勒第三定律

當時的科學家認為，太陽系就是整個宇宙，
知道太陽系的大小，就等於知道全宇宙的大小。

太陽系的各行星繞太陽公轉週期的平方與軌道橢圓半長軸（軌道平均半徑）的立方成正比。

請注意，在這個定律中的公轉週期是一個時間變數，而半長軸則是一個長度變數。這個定律是說，行星繞太陽轉一圈的時間各不相同，有長有短，但是這些時間的數值比例與它們到太陽的距離有關係。這些關係式中既有平方，又有立方，並不直觀，但居然被克卜勒發現了。

實際上，對於預測天象來說，有第一、第二定律就已經足夠了。第三定律有什麼用處呢？它能計算出行星離我們有多遠。舉例來說，假設地球到太陽的距離是1天文單位，用1AU表示，而地球繞太陽一周是一年。現在，透過觀測火星的位置，可以得出火星繞太陽一周需要687天，接近2年。但為方便比喻，就當成2年吧！

根據克卜勒第三定律，火星公轉週期的平方與地球公轉週期的平方之比，等於兩行星到太陽距離的立方之比，假設火星到太陽的距離是X，那方程式就很簡單：

$$\frac{x^3}{1^3} = \frac{2^2}{1^2}$$

經過整理，我們可以得到：

$$x^3 = 4$$

用計算機一算，我們可以得到：

$$x \approx 1.59 \, \text{AU}$$

也就是說，火星到太陽的距離是地球到太陽距離約1.59倍。用同樣

有了第三定律，我就可以推算太陽系的大小了！

| 克卜勒第三定律用處大。 |

的方法，只要把五大行星的公轉週期測量出來，那麼距離就全都可以計算出來。當時的天文學家認為，太陽系就是整個宇宙，知道太陽系的大小，就等於知道全宇宙的大小。你想想看，人類連宇宙的大小都有能力推算出來，這個用處已經相當多了，不是嗎？

不過，你可能看出來了，這裡面有一個關鍵的資料，就是日地距離，也就是1AU。這到底多長呢？如果不知道這個資料，一切都白搭。如果能把這個資料弄清楚，宇宙就沒有祕密，至少當時的人們這麼認為。因此，在此後的幾百年間，1天文單位的值就成為天文學第一問題，一代又一代的天文學家為攻破這個難題，嘔心瀝血、前仆後繼，甚至丟掉性命，這當然是後話了。

| AU 是解開宇宙祕密的關鍵。 |

不要預設教條

在宇宙面前，
人類只能謙卑地認識規律，而不是定義規律。

本章故事希望讓你記住的科學精神是：

永遠把事實擺在第一位，不要給自己預設教條。

從古希臘時代的畢達哥拉斯一直到哥白尼，他們心目中都有一個完美和諧的宇宙。然而，這其實是一種執念，也是一種教條主義。因為宇宙的完美和諧並不可以被人為定義，他們所謂的完美和諧，不過是自己主觀感受的完美。大自然有它自己的規律，在宇宙面前，人類只能謙卑地認識規律，而不是定義規律。

古代中國人透過觀察自然界，總結抽象的陰陽五行學說，然後又用陰陽五行之間相生相剋的規律來指導吃、穿、住、行、醫，這是非常了不起的智慧，也代表中國古代悠久、燦爛的文明。但是，隨著人類不斷提高認識世界能力，我們逐漸發現，這個世界好像再也無法簡單地用陰陽五行去劃分。比如說，以前我們認為太陽的反面是月亮，因為古人看到太陽和月亮差不多大。現在知道，原來月亮跟太陽相比，實在小得不值一提，太陽要比月亮大好幾千萬倍。太陽系的行星除了金星、木星、水星、火星、土星，還有天王星、海王星等，地球也是一顆普通的行星。人類觀測到的事實，已經不再是古人以為的事實，這需要現代人重新以事實為依據，不能死守陰陽五行理論。

為什麼行星的軌道不是正圓而是橢圓呢？為什麼公轉週期與距離有這種奇怪的數學關係呢？科學精神驅動人們繼續追問為什麼，一層層地追問下去，永不停止。

科學動動腦

古人還有五臟、五色、五味、五氣的說法，請你先透過網路查找出它們的含義，然後思考一下，這些說法是否與事實相符。

學習筆記

第 4 章

四條定律
統領宇宙

一個橢圓

在哈雷的懇求下，
牛頓興起整理自己研究成果的念頭。

愛德華·哈雷（Edmond Halley，1656
～1742），英文天文學家和數學家，
曾任牛津大學幾何學教授、格林威治
天文台第二任台長，成功預言哈雷彗
星的回歸。

上一章提到，克卜勒提出著名的天體運行三定律，從此人類可以精確地預測太陽、月亮以及五大行星在任意時刻的位置，這是一項非常了不起的成就。然而，人類的好奇心並未就此打住，我們想要知道：天體的運動規律為什麼會這樣呢？

1684年8月的某一天，英國科學家牛頓（Isaac Newton）正在家中看書，忽然，響起了敲門聲。牛頓起身開門，只見一位年輕帥氣的小伙子畢

| 牛頓與哈雷相談甚歡。 |

恭畢敬地站在門外。牛頓認出來了，他是哈雷博士（Edmond Halley），這幾年在英國科學界的名氣愈來愈大。牛頓把哈雷迎進屋，兩人愉快地攀談起來。

談了一會兒，哈雷博士向牛頓提出一個問題，其實，這才是他此行的真正目的。哈雷博士問道：「艾薩克爵士，如果太陽對行星的引力與它們之間距離的平方成反比，那麼請問，行星的運動曲線會是什麼樣的呢？」

哈雷原本以為牛頓會思考一陣子再給答案，萬萬沒有想到，牛頓立即回答：「一個橢圓。」

哈雷一聽，既高興又驚訝，繼續問道：「您怎麼知道呢？」

牛頓回答：「我用數學推導出來。」

哈雷絲毫不懷疑這位劍橋大學盧卡斯數學教授的數學能力，他懇求牛頓把推導的過程告訴自己。牛頓沒有拒絕，但他在自己的稿紙堆中翻找一陣子，兩手一攤說：「唉，不知道放哪裡去了。不過這很簡單，我重新寫一遍推導過程寄給你就好。」

《自然哲學的數學原理》面世

《原理》的誕生顯現出科學的思維模式，
正式從哲學思辨中脫離，成為一種嶄新的思維模式。

哈雷很高興地回去，然後沒事就寫信提醒牛頓。經哈雷的懇求，牛頓打算很正式地寫一篇論文寄給哈雷。但是，牛頓沒有想到，自己在寫這篇論文的過程中，竟然興趣盎然，打算好好整理自己多年來的研究成果。這一整理，就是兩年。牛頓閉門不出，潛心寫作，最終完成人類科學史上里程碑式的巨著《自然哲學的數學原理》(*Philosophiæ*

牛頓寫出了人類科學史上里程碑式的巨著
——《自然哲學的數學原理》。

Naturalis Principia Mathematica），常被簡稱為《原理》（*Principia*）。

今天，無論我們怎麼讚美這本巨著都不為過，《原理》的誕生顯現我們現在稱為「科學」的思維模式，正式從哲學思辨中脫離，成為一種嶄新的思維模式。從此，我們對大自然的思考不再停留在哲學思辨上，而是用數學加以定性和定量。

在史前時代，人類對天地結構的認識靠的是幻想，而古希臘的畢達哥拉斯從幻想跨越到思辨，亞里斯多德則從思辨跨越到實證，接著，人類又從實證跨越到擬合，擬合的意思就是用數學模型來類比天體的運動，使之符合實際的天象，這種擬合的思想在克卜勒的模型出現後，達到頂峰；而牛頓，則從擬合跨越到原理階段，牛頓要回答的是：為什麼日月星辰的運動符合克卜勒的模型？

這一跨越是人類文明的一大步，假如要把地球文明史劃分成兩個階段，最可能的分法就是「《原理》前」和「《原理》後」。

那麼，牛頓到底提出哪些原理呢？其實也不多，牛頓一共提出四條宇宙中最基本的原理，大自然中的一切運動，包括日月星辰的運動，這四條原理完全涵蓋。因此現代人，必須了解這四條原理，這些原理代表人類文明的里程碑。

"艾薩克・牛頓（Isaac Newton，1643～1727），爵士，英國皇家學會會長，英國著名物理學家。牛頓提出了萬有引力定律、牛頓運動定律，被譽為「近代物理學之父」。"

人類對大自然的認知，從史前時代的幻想到牛頓時代的定量，不斷進步。

遠古人　　　　　　畢達哥拉斯　　　　　　亞里斯多德

牛頓三定律和萬有引力

牛頓以三個定律說明力的作用效果以及性質，
加上萬有引力定律，成為古典力學的基礎。

第一條為牛頓第一運動定律：

物體將一直保持靜止或等速直線運動狀態，直到外力改
變它。

這條定律告訴我們，物體的運動實際上不需要力，力只是改變物體運動狀態的原因。在一個完美光滑的平面上，你推動一個小球，這個小球就會一直滾動，直到外力讓它停下來。這條定律有一些反直覺，在日常生活中，我們總覺得要有力的參與，物體才能保持運動狀態。實際上，那只不過是摩擦力、空氣阻力等給我們造成的假像而已。

| 在光滑的平面上推動小球，這個小球會一直滾動下去。 |

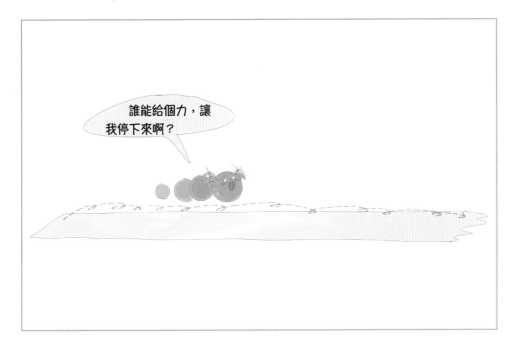

第二條為牛頓第二運動定律：

物體的加速度與它受到的力成正比，卻與它的質量成反比。

這條定律告訴我們，如果用一個恆定的力推動一個物體，這個物體的質量愈大，它的速度變化得也愈緩慢；如果加大推動力，則推動力愈大，物體的速度變化也愈快。這條定律可以用一個非常簡潔的數學公式表達，就是$a=F/m$，表示物體運動速度的變化率（加速度）等於施加的力除以物體的質量。這條定律倒是符合我們的生活經驗。

| 物體的加速度與它的質量成反比，與它受到的力成正比。 |

用同樣的力，推
小圈輕鬆多了。

哇，我跑得愈快，鐵圈滾
得愈快！

第三條為牛頓第三運動定律：

任何一個力都會產生一個量值相等、方向相反的反作用力。

　　宇宙中沒有憑空產生的力，必須有兩個物體相互作用才能產生力。當我們一拳打到別的物體時，物體受拳頭的作用力的同時，也會給拳頭一個量值同等但方向相反的反作用力，拳頭因而感到疼痛。

| 物體受到手的打擊力的同時，也會給手施加一個同等量值但方向相反的力。 |

第四條為萬有引力定律：

 宇宙中任何具有質量的物體均會互相吸引，引力的量值與兩物體的質量乘積成正比，與它們之間距離的平方成反比。

　　這條定律告訴我們，你只要坐在這裡，不管你喜不喜歡，都會吸引周圍的所有東西，比如牆壁、天花板、電燈、貓、狗等，它們也同時吸引著你。物體之間的距離假如增加到原來的2倍，那麼它們之間的引力就會減弱到原來的1/4。這個原理可以用一道公式表達：

$$F = G\frac{M_1 M_2}{R^2}$$

　　在這個公式中，F代表引力的量值，M_1和M_2代表物體的質量，R代表物體之間的距離，而G則是一個固定的數值，但為什麼我們不把這個數值寫出來，而要用G來表示呢？很簡單，就好像圓周率我們用π表示一樣，因為它的數值是3.141592653589793238462643……永遠也寫不完。在物理學中，這種固定的數值稱為常數。現在只知道萬有引力常數G是一個介於6.67377和6.67439之間的數字，這個數字到底是多少？是固定的數字，還是無限不循環小數呢？甚至有科學家認為這個數字會隨著宇宙年齡的增大而變化，但很遺憾，我們目前並不清楚G的確切數值，它依然是宇宙留給我們的未解之謎。

天體物理學

天文學從以觀測為主、計算為輔，
邁入一個以計算為主、觀測驗證的全新時代。

　　牛頓就是用這四條最基本的定律，以嚴格的數學推導，證明行星繞太陽公轉的軌跡是橢圓，而且，克卜勒的兩條定律也都可以從這四條定律中自然而然地推導出來。天文學家用畢生心血觀測記錄日月星辰的運動，一遍又一遍地修改天體運動的模型，就好像一場持續1000多年的接力賽，直到克卜勒接棒才揭示天體運動的規律。

　　但是，偉大的牛頓爵士，只需要坐在書桌旁，不需要任何觀測資料，僅僅憑藉著四條基本定律，一枝筆與一張紙，就能計算出日月星辰的運動規律，揭開宇宙的奧祕。這樣的場景，令人感到沉醉啊！這就是定律的力量，知識的力量！

　　從此，天文學從以觀測為主、計算為輔，邁入一個以計算為主、觀測驗證的全新時代。牛頓開創一門嶄新的學科 —— 天體物理學，這門學科

在1846年9月23日迎來最輝煌的一刻。那一天，德國柏林天文台台長伽勒（Johann Gottfried Galle）收到一封陌生人的來信，信中這樣寫道：尊敬的台長，請將望遠鏡對準摩羯座 δ 星之東約5度的地方，你就能找到一顆新的行星。

伽勒大吃一驚，這簡直像一封天外來信啊！連收到信的時間都像精心設計過。伽勒和助手依照這封信開始觀測，一切都精確得令人難以置信。幾天後，伽勒向全世界宣布：那顆影響天王星的未知行星找到了，它被命名為海王星。

一個月後，當伽勒站在寄信人勒維耶（Urbain Le Verrier）面前時，相當震驚 —— 竟然是一個30歲出頭的年輕人，還帶著羞澀靦腆的笑容。伽勒衝上去擁抱，年輕人嚇一大跳。伽勒問他如何發現海王星，勒維耶拿出厚厚一疊稿紙，說：「就是這樣啊，我用紙筆計算好多年。」伽勒看完計算稿後，嘆為觀止，一共是33個聯立方程組。伽勒幾乎用一輩子在望遠鏡中尋找海王星，但一直沒有結果，沒想到這個年輕人僅僅用紙筆就戰勝自己的設備和經驗。這是牛頓定律的偉大勝利，也是人類歷史上天文學的光輝一刻。事實證明，四條定律引領我們理解宇宙。

宇宙可以被理解

只有堅信可以理解宇宙，
才能不斷發現大自然的奧祕。

本章故事希望你記住的科學精神是：

所有的物理現象背後均有其定律，宇宙可以被理解。

是的，所有的物理現象背後均有其定律，宇宙可以被理解。

在宇宙面前，人類渺小如微塵。但是，自從科學誕生後，我們一點一點地揭開宇宙運行的奧祕。我們能精確地預言日月星辰在未來任何一個時刻的準確位置，這中間沒有任何神祕的地方，只要能學透牛頓的四條定律，誰都能做到。

雖然，現在還有太多科學無法回答的問題，但是，現在不能回答，不

代表未來不能回答。可能有人說要敬畏未知,但我想告訴你,我們只需要對未知感到好奇,而不需要畏懼。只有堅信可以理解宇宙,才能不斷發現大自然的奧祕,破解一個又一個未解之謎。

在《原理》出版後,宇宙運行的規律似乎已經被牛頓爵士澈底破解,天文學家躊躇滿志,發誓要攻破天文學的最後一個堡壘,那就是天文學第一問題的日地距離。只要知道地球離太陽有多遠,人類就能計算出當時認為的宇宙大小,這是一個讓無數天才魂牽夢縈的目標。到底誰能成功呢?下一章揭曉答案。

科學動動腦

請你仔細觀察大自然中的各種現象,思考一下,哪些現象可以用牛頓四條定律中的某一條來解釋呢?比如公車煞車的時候,人會往前傾,這可以用牛頓的哪條定律解釋呢?

揭開宇宙運行的奧祕。

學習筆記

第 5 章

18 世紀的
天文學
第一問題

三角測量法

用三角測量法直接測量日地距離，
從來沒有真正成功過。

在18世紀，天文學第一問題是太陽到地球的距離。這個問題為什麼那麼重要呢？因為這是弄清楚太陽系到底有多大的基礎，測出日地距離，就可以根據克卜勒第三定律推算所有的行星到太陽的距離。

到底該如何測量日地距離呢？早在2000多年前的古希臘時代，人類就已經掌握測量遠處物體距離的三角測量法，這個方法不需要實際跑到測量目標處。

你是否在電影中看過，以前的砲兵在開砲前，會用大拇指在眼睛前面比劃一下，然後再調整砲管的角度？其實，他就是在利用三角測量法估測目標的距離呢！你可以試著把手臂伸直，讓大拇指對著遠處的一個目標，然後快速地用左右眼切換著看大拇指，你將看到遠處的目標相對於大拇指的距離會來回變化。有經驗的砲兵就是根據變化的幅度估測目標的距離。

這是什麼原理呢？因為我們雙眼之間的距離是已知，分別用左右眼觀看遠處目標，就相當於在測量這個角的角度，根據幾何學知識，知道雙眼距離和這個角度，就能計算出我們到目標的距離，這就是三角測量法。

如何利用三角測量法測量日地距離呢？可以在地球上相距很遠的兩個天文台同時觀察太陽，測量出太陽在天空中的精確位置，再根據兩個天文台的相隔距離計算出日地距離。

聰明的法國天文學家卡西尼

"喬凡尼‧多美尼科‧卡西尼（Giovanni Domenico Cassini，1625～1712），法國天文學家。他與胡克發現土星的大紅斑，他也是第一個發現土星四個衛星的人。1997年升空的土星探測器取名「卡西尼號」，即是紀念這位偉大的天文學家。"

（Giovanni Domenico Cassini）在克卜勒發表第三定律的半個世紀後想出一個辦法。他說，不需要兩個天文台，一個就夠了，因為地球在不停地自轉，任何一個天文台，在日出和日落時，其實就相當於隔了一個地球的直徑的距離。這個想法很棒，卡西尼的頭腦真好！

但這種方法是典型的知易行難，

法國天文學家卡西尼。

講講原理簡單得不得了，可是，限制條件太多。遠隔萬里的兩個天文台要協助合作，哪有那麼容易？即便只用一個天文台，可是太陽在望遠鏡中的視面積很大，測量精確位置實在不易，一個點的坐標好測量，一個圓的坐標反而不好測量。

所以，用三角測量法直接測量日地距離，從來沒有真正成功過。看來，想攻破天文學第一問題，得換個思路，想出點新的招數來。

21
Section

哈雷的絕妙主意

為了測量日地距離，
1761年的金星凌日吸引全球無數天文學家觀測。

1716年，那位懇求牛頓寫出《原理》的哈雷博士，提出一個絕妙的新思路，震動整個天文學界，甚至改變後世幾位天文學家的命運。哈雷說，利用金星凌日（transit of Venus）的罕見天象，可以測定日地距離。他提出的方法原理如下圖所示。

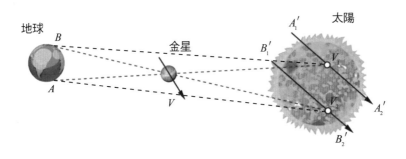

利用金星凌日現象計算日地距離的原理圖。

在上圖中，當金星（V）凌日的時候，從地球上的A、B兩地同時觀測，看見它投影在日輪上的V_1、V_2兩點，循著$A_1'A_2'$和$B_1'B_2'$兩條平行弦經過日輪。所以由觀測求得$\angle AVB$，並可推出$\angle AV_1B$（或$\angle AV_2B$）。如果弦AB之長等於地球的半徑，則$\angle AV_1B$便是太陽的視差。

遺憾的是，雖然哈雷找到好方法，但他不太可能看到結果，除非他能活到105歲，但哈雷只活到84歲。然而，天文學界不會忘記這個重要的時刻，在1761年的金星凌日來臨的時候，一場國際大車拚拉開序幕。

為了率先解決這個「最崇高的問題」，整個天文學界都在摩拳擦掌，簡直就像天文界的奧運會。為了能在比賽中拔得頭籌，法國派出32名選手，英國派出18名，還有瑞典、俄羅斯、義大利、德國等國家也都派出參賽選手。這些英勇的天文學家奔赴地球的100多個地點，比如俄羅斯的西伯利亞、中國的青康藏高原、美國威斯康辛州的叢林等。

其中，法國天文學家勒讓蒂（Guillaume Le Gentil），無疑是這次比賽中最倒楣的一位參賽選手。

| 1761年，金星凌日來臨的時候，一場國際大車拚拉開序幕。 |

史上最倒楣的天文學家

18世紀的兩次金星凌日都未能測出日地距離，
天文學的第一問題依然沒有得到解答。

　　勒讓蒂提前一年從法國出發，他計畫去印度的荒原觀測這次金星凌日。沒想到，就在這一年，印度的宗主國英國和勒讓蒂的祖國法國開戰了，勒讓蒂被當作間諜給關進監獄，雖然撿回一條命，觀測卻泡湯了。

　　但意志堅定的勒讓蒂沒有放棄，他再次前往印度，因為金星凌日每隔100多年會出現兩次，1761年這次雖然錯過了，但8年後的1769年還會有一次。勒讓蒂用8年的時間建造一個一流的觀測站，添置最精良的觀測設備，並且不斷地演練、調整測試設備，直到對每一個細節都滿意為止。

　　勒讓蒂在印度的觀測地點也是精挑細選，他選的地點在6月份是晴天的比例非常高。1769年6月4日終於到來，勒讓蒂在前一天晚上焚香沐浴，把所有的設備都擦得乾乾淨淨，你可以想像一下，一個人整整等待8年，精心準備8年，這將是什麼樣心情的夜晚。早上起來的時候，勒讓蒂

看到一個完美的豔陽天，他激動極了，就等著那個神聖的時刻來臨。

　　果然，金星凌日如約而至。正當金星剛開始從太陽表面通過時，老天爺竟開起玩笑，一朵不大不小的烏雲不知從何處飄來，剛好擋住太陽，勒讓蒂簡直要瘋掉了，他焦急地一邊看錶，一邊等待烏雲飄走。最後，當烏雲飄走時，勒讓蒂記錄下來的時間是3小時14分7秒，恰好是那次金星凌日的持續時間。

勒讓蒂8年的努力因為一朵烏雲化為烏有，悲憤交加的他只好收拾儀器啟程回老家，但並沒有因此結束他的厄運。他在港口染患瘧疾，一病就是整整一年。一年後登上一艘船回國，可是沒想到途中遇到颶風，差點失事。當勒讓蒂九死一生回到法國老家時，他已經整整離家11年，迎接他的卻不是溫暖的家和親人的熱烈擁抱，他早就被親人宣布死亡，所有的財產也被他們搶奪一空。

| 勒讓蒂8年的努力被一朵烏雲「完美」地化為烏有。 |

這就是史上最倒楣的天文學家勒讓蒂的故事。那麼，其他參賽選手的運氣如何呢？也都不怎麼樣，絕大多數人都沒能順利完成觀測。不是交通受阻，就是遇上壞天氣，或者好不容易趕到目的地，打開箱子一看，所有的儀器設備都損壞了。有少數天文學家完成觀測，但由於當時天文攝影技術還很落後，拍出來的照片品質都不夠好，所以，18世紀的這兩次金星凌日，雖然全世界有很多天文學家付出極大的代價，但都沒能測出真實的日地距離。天文學的第一問題依然沒有得到解答。

| 當時天文攝影技術還很落後，天文學家拍出來的金星凌日的照片品質都不夠好。 |

天文單位

歷經100多年的艱難探索，人類終於測出日地距離，
為1AU，也就是1天文單位。

過了113年，來到1882年，金星凌日天象再度出現。此時的人類文明已經進入工業時代，無論是交通工具還是天文觀測設備都有了極大的發展。美國天文學家、物理學家西蒙・紐康（Simon Newcomb）發誓要解決天文學第一問題。他組織八支探險隊，奔赴世界各地，觀測當年的金星凌日。他們終於成功利用哈雷提出的方法，準確計算出太陽到地球的距離是1.4959億公里，相當於把1100多萬個地球緊挨著排成一排。這個結果相當精確，與我們現今用最先進的設備測量出的結果幾乎沒有差異。

歷經100多年的艱難探索，人類終於測出日地距離，這個距離為1AU，也就是1天文單位，它是衡量太陽系尺度的基本單位。直到今天，我們談論太陽系中天體的距離時，習慣性使用多少天文單位。我們終於弄清楚人類賴以生存的太陽系家園到底有多大。如果以太陽風能吹到的界線

來算，太陽系的半徑大約是100 ～ 200天文單位。如果以太陽的引力範圍來算，太陽系的半徑大約是5萬到10萬天文單位。相對於渺小的地球來說，太陽系真的很大。

│ 美國天文物理學家西蒙‧紐康成功觀測到金星凌日。 │

知識得來不易

知識之塔的每塊磚都不是輕易得來，
你現在要做的是努力吸收前人的成果。

本章故事希望讓你記住的科學精神是：

科學探索艱辛，知識得來不易。

所有寫入教科書的科學知識都不是從天上掉下來，也不是強行寫入，
而是無數科學家透過艱辛探索，經得起嚴苛的檢驗之後，才能保留下來，
成為人類文明的象徵，一代又一代地傳承下去。

或許你有時候會在網路上看到一些聳人聽聞的標題，什麼「達爾文
的進化論破產了」、「我們被教科書騙了幾十年」、「牛頓理論被推翻了」
等。請你記住，凡是這樣的文章，全都不可信。任何被廣泛寫入教科書的

科學知識，尤其是被寫入中小學教科書的知識，絕不可能被某個民間科學愛好者輕易地推翻。正如你在本章中看到的，為了一個日地距離，人類要付出100多年的努力，無數的科學家為之奮鬥。知識之塔的每塊磚都不是輕易得來的，你現在要做的是努力吸收前人的成果。

　　擺在天文學家面前的是另外一個難題：銀河系到底有多大？當謎底揭開時，天文學家再次被震驚了，宇宙的真相遠遠超過人類的想像。銀河系與宇宙的關係又是怎樣的呢？下一章揭曉答案！

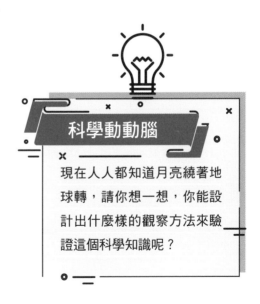

科學動動腦

現在人人都知道月亮繞著地球轉，請你想一想，你能設計出什麼樣的觀察方法來驗證這個科學知識呢？

學習筆記

第 6 章

宇宙中的一座座孤島

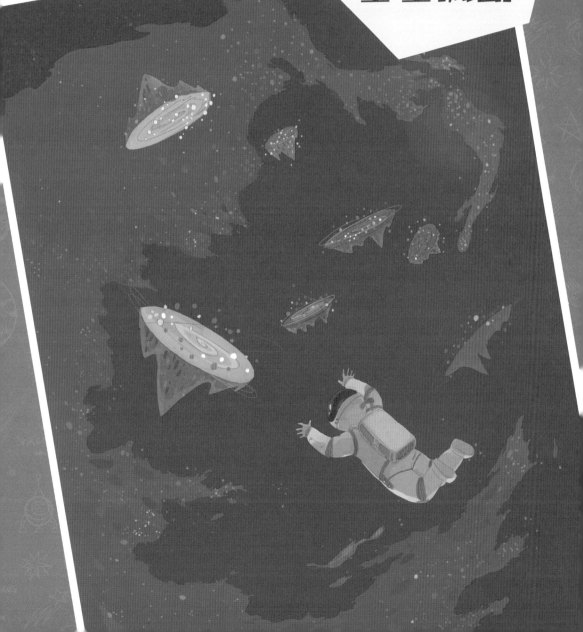

伽利略看清銀河的真相

經過天文學家的測量與計算，
銀河中那些恆星距離我們最遠不會超過10萬光年。

自從人類開始對星空感到好奇以來，我們就注意到頭頂上的那一條橫貫天際的銀河。圍繞銀河，世界各地都有各種美麗的傳說。流傳在中國的故事是，銀河就是天上的一條大河，它隔開牛郎和織女，每年的七夕，牛郎織女鵲橋相會。這是一個溫馨浪漫的故事。

與中國的故事比較，西方的傳說顯得簡單，他們說銀河就是神之子嗆奶，奶水灑了一路。所以，英語的銀河為「Milky Way」，也就是「乳之路」的意思。

畢竟是傳說，並不是銀河的真相。那麼，銀河到底是什麼呢？

第一個看到銀河真相的人是伽利略，當他用望遠鏡對準銀河後，發現銀河實際上是由無數極為暗弱的恆星所構成，多得令人難以置信。後來，一代又一代的天文學家用望遠鏡仔細地觀測銀河，證實銀河確實由難以計

伽利略用望遠鏡發現，銀河實際上是由無數極暗弱的恆星構成。

數的恆星組合形成。經過天文學家的測量與計算，銀河中那些密密麻麻的恆星，距離我們最遠不會超過10萬光年。在夜空中，與銀河系比較，銀河之外的滿天繁星離我們近得多，望遠鏡中可見的所有單顆恆星，最遠也不過數千光年。

卡普坦宇宙

> 卡普坦宇宙是人類科學家第一次根據觀測得到的證據，
> 而畫出的宇宙地圖。

1906年，全世界的天文學家在荷蘭天文學家卡普坦（Jacobus Cornelius Kapteyn）的倡議下聯合起來，他們決心做一件大

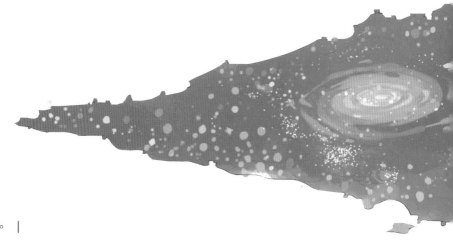

| 卡普坦宇宙。 |

事 —— 畫出全宇宙中所有可見星星的分布圖。在當時的天文學家看來，這幅圖就等於宇宙的地圖。但這項工程浩大無比，他們要在天空中隨機選出來的206個天區中，詳細記錄每一顆恆星的亮度、位置、距離、移動速度等資訊。

這項工作剛開始沒多久，第一次世界大戰就爆發了，但依然有許多天文學家堅持這項觀測工作。1922年，卡普坦終於向天文界宣布，他用統計分析的方法畫出宇宙地圖。在這幅圖中，全宇宙所有星星組成一個像透鏡一樣的形狀，總體上是一個圓形，中心厚，兩邊薄，愈靠近中心，星星就愈密。這個圓的直徑大約是5.5萬光年，中心的厚度大約是1.1萬光年，我們的太陽系位於這塊透鏡的中心附近。這就是天文學史上赫赫有名的卡普坦宇宙。

儘管我們今天知道，卡普坦宇宙並不是宇宙的真相，但這畢竟是第一次由人類科學家根據觀測得到的證據，而不是僅僅依靠神話傳說或者宗教經文，賦予宇宙的畫像。

世紀天文大辯論

天文學家柯蒂斯根據間接證據認為，
仙女座星系跟銀河系一樣由無數的恆星組成。

就在卡普坦給宇宙畫像的那些年，在美國也有兩位天文學家做幾乎同樣的事情，一位是沙普利（Harlow Shapley），另一位是柯蒂斯（Heber Doust Curtis），他們各自給宇宙畫了一幅圖像。

沙普利的宇宙，在總體形狀上與卡普坦的宇宙差不多，但是，沙普利根據他觀測到的球狀星團分布情況，得到一個結論：太陽系不在宇宙的中心附近，而是在宇宙的邊緣。

柯蒂斯則畫了一幅截然不同的宇宙地圖，他拋出一個非常重要的概念，現在聽起來稀鬆平常，但你知道當時提出這個概念，人們多麼震驚嗎？柯蒂斯拋出的概念就是銀河系。在柯蒂斯的宇宙中，有兩個巨大的像鐵餅的星系，一個是太陽系所在的銀河系，在距離銀河系50萬光年遠處，還有另外一個巨大的星系，叫作仙女座星系（Andromeda Galaxy）。

18世紀，科學家認為星雲是一些淡淡的、散發著不同顏色光芒的薄霧狀的東西，就像雲彩一樣。

科學講求證據，不是科學家拍腦袋憑空想出來。柯蒂斯憑什麼認為在銀河系之外還有別的星系呢？關鍵證據是一種叫作星雲的天體。

早在18世紀，天文學家赫歇爾（Frederick William Herschel）就注意到隱藏在夜空中的無數星雲，之所以稱為星雲，是因為在望遠鏡中，這些星雲是一些淡淡的、散發著不同顏色光芒的薄霧狀的東西，就像天空中的雲彩一樣。星雲到底是什麼？天文學家爭論快200年，但是誰也拿不出實在的證據。

在北半球能看到的最明顯的一片星雲位於仙女座附近，所以一直被叫作仙女座星系。柯蒂斯根據一些間接證據 —— 但主要是他自己的推測 —— 堅持認為，仙女座星系就是與銀河系一樣的星系，也是由無數的恆星組成。

不管是沙普利還是柯蒂斯，都有很多的支持者。為了分出對錯，他們1920年在美國科學院的大禮堂舉辦一次規模盛大的辯論會，史稱「世紀天文大辯論」。激烈的辯論，針鋒相對，分不出高下。在熱鬧的禮堂一角，有一個人靜靜地坐著，嘴裡面叼著一個富有特色的大煙斗。他沒有參與這場辯論，只是靜靜地聽著。3年後，這個人評判這場辯論。

銀河系是一座孤島

在哈伯的年代，人們已經觀察到，
宇宙中至少有數以千萬計的星系孤島。

這個人是誰呢？他就是美國傳奇天文學家愛德溫·鮑威爾·哈伯（Edwin Powell Hubble）。

如果想弄清楚仙女座星系到底是不是一個星系，最關鍵的就是要測出它與地球的距離。你能明白這個道理嗎？因為近大遠小的關係，假如仙女座星系離我們非常遙遠，我們就能透過觀測數據，算出它的真實大小。哈伯能成功，除了他努力的因素，也與天文攝影的發展密切相關。實際上，與你的想像不

愛德溫·鮑威爾·哈伯（Edwin Powell Hubble，1889～1953），美國著名天文學家，他發現了大多數星系都存在紅移的現象，提出了哈伯定律。

同，進入20世紀後，天文學家觀測星空已經很少用肉眼直接看，都是透過研究照片。

　　哈伯為仙女座星系在內的數個星系拍攝大量照片，最關鍵的是，哈伯以驚人的耐心從這些照片中分辨30多顆造父變星（Cepheid variable），這是一種亮度會發生週期性變化的恆星。然後他又投注兩年多的時間，耐心地繪製這些造父變星的光變週期曲線。根據這些曲線，他最終計算出仙女座星系和三角座星系離地球至少93萬光年，這對當時的天文學家來說，

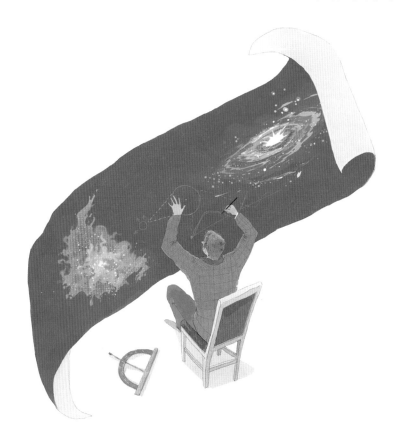

| 哈伯用了兩年多的時間，耐心地繪製造父變星的光變週期曲線。　|

實在是一個無法想像的遙遠距離。

　　哈伯的工作很細緻，資料很詳實，科學家只能也必然會屈服於證據。在鐵證面前，天文學家達成共識，夜空中的絕大多數星雲，不是銀河系中的發光氣體雲或者某一個單獨的天體，而是與銀河系一樣，由千億星辰構成的真正星系。每一個星系就像在廣袤宇宙中的一座座孤島，而我們生活在其中的一座孤島，也就是銀河系上。在哈伯的年代，人們已經觀測到，宇宙中至少有數以千萬計的星系孤島。

　　70多年後的1995年，另一個哈伯，也就是為了紀念哈伯而命名的哈伯太空望遠鏡，再次把宇宙孤島的圖景，推向令人難以置信的浩瀚無垠的境界。

　　1995年12月18日，平凡的一天，一個來自美國的天文研究小組租用哈伯望遠鏡，他們選擇觀測一個頗受爭議的天區。你可能不知道，全世界的天文學家都在爭相排隊租用哈伯望遠鏡的觀測時間，每個人都認為自己要觀測的位置最重要。但這次的觀測區域卻讓許多人跌破眼鏡，因為這次要觀測的區域是一塊「黑區」，並且還是全天空中最黑的「黑區」。這是什麼意思呢？顧名思義，就是天空中一塊看似什麼也沒有的黑黑的區域。這次觀測選擇的是全天空中最黑的一個點，大小只有144弧秒，這相當於你站在100公尺外看一個網球的大小，這個點只占整個天區的兩千四百萬分之一。而且，觀測者租用整整11天。全世界有很多天文學家就吐槽，美國太空總署怎麼能批准這樣一項不可靠的觀測計畫呢？很多人預言，11天看下來，那個黑點中什麼也看不到，最後會成為一個笑柄，浪費哈伯望遠鏡寶貴的工作時間。

　　在一片質疑聲中，哈伯太空望遠鏡把鏡頭聚焦到那片位於大熊座的黑區，從12月18日一直觀測到12月28日，這11天中，哈伯望遠鏡繞著地

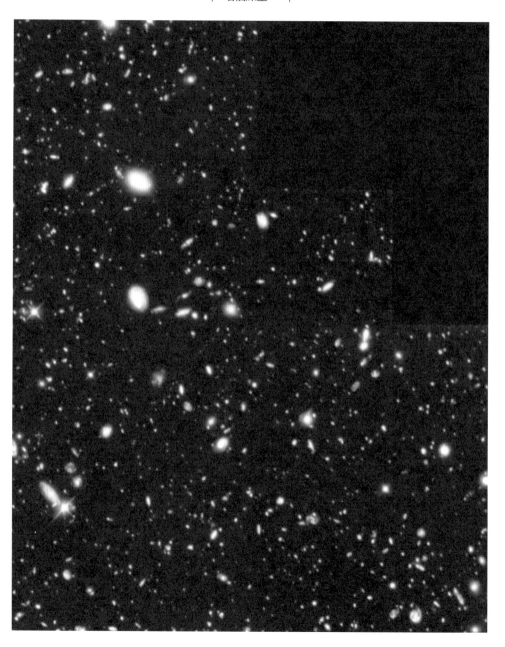

球轉150圈，在4個不同的波段上整整曝光342次。在宇宙中穿行100多億年的光子，一顆顆落在哈伯望遠鏡極為靈敏的感光元件上，誰也沒想到，這些光子組成的圖像，將讓全球的天文學家接受一次革命式的洗禮。

這342張圖像最後合成的照片被稱為「哈伯深空」（Hubble Deep Field），這可能是人類天文學史上，到目前為止最重要的一張天文照片。

看不清楚這張照片令人震撼之處很正常，如果不解釋，非專業人士也看不出這張照片有多厲害。讓我解釋這張照片的奧祕。在這張照片中，每一個光點，哪怕是最暗弱的一個光點，都不是一顆星星，而是一個星系，一個像銀河系這樣包含上千億顆恆星的星系！在這麼一個全天空兩千四百萬分之一的區域中，哈伯望遠鏡就拍攝到超過3000個星系。

宇宙中星系的分布密度均勻，這早已證實。根據「哈伯深空」拍攝到的星系數量可以推測出，宇宙中可以觀測到的星系總數將超過1000億個，這實在「嚇人」。如果銀河系在宇宙中是一個中等的星系，而宇宙中平均每個星系包含1000億到2000億顆恆星，那麼宇宙中恆星的總數量，相當於地球上所有沙子的數量，包括所有沙漠和海灘上的沙子。雖然難以置信，但確實是觀測事實。

永不消失的好奇心

> 搞清楚宇宙有多大又有什麼用？
> 滿足好奇心就是最大的用處。

本章故事希望讓你記住的科學精神是：

 沒有什麼可以阻擋我們探索宇宙的勇氣。

面對浩瀚的宇宙，雖然人類渺小如微塵，但我們透過科學技術，卻可以看到如此宏大的宇宙。驅使我們不斷向宇宙深處探索的是永不消失的好奇心，這是你無論如何永不能丟掉的寶貴特質。

經常有人問我：搞清楚宇宙有多大又有什麼用？我回答說：滿足好奇心就是最大的用處。我們的身體雖然被禁錮在小小太陽系中的一顆藍色星球上，但我們的目光卻可以投向百億光年外的宇宙深處，這是人類文明最

值得驕傲的成就。

　　天文學家哈伯第一個找到宇宙海洋的證據，但他沒有停止探索，隨後幾年，他又有一個驚人的發現。這個發現令人震驚的程度遠遠超過星系孤島，甚至連遠在德國的愛因斯坦，聽聞這個發現後，都忍不住趕到美國查證資料，生怕被哈伯給糊弄了。

　　這到底是一個怎麼樣的驚天大發現呢？下一章揭曉答案。

科學動動腦

請你到廚房中抓一把米，然後想一想，如何才能用最快的方法知道這一把米中有幾粒米。再想一想，用什麼方法可以算出家裡總共有多少粒米。

學習筆記

第 7 章

宇宙的中心
在哪裡？

哈伯發現星系退行

哈伯的測量結果顯示，
說明幾乎所有星系相對我們都在退行。

上一章提到，天文學家哈伯證實，宇宙像一片巨大的海洋，而海洋中漂浮著一座座孤島，這些孤島就是星系，我們身處的這座孤島叫作銀河系。哈伯把人類的宇宙觀帶向一個更廣闊的層次，他自己也成為一位觀測星系的痴迷天文學家。

哈伯努力搜尋能被望遠鏡觀測到的所有星系，一個也不放過，他仔細測量每個星系的亮度、發光顏色、距離等一切數據。這個工作極為繁瑣枯燥，日復一日，年復一年，你要是問他為什麼這麼做，哈伯可能回答：說實話，我也不知道能從中發現什麼，但我知道科學研究的過程就是觀察、測量、記錄、找規律，然後，說不定有驚喜不期而至。他很幸運，只是連他自己都沒想到，這次獲得的驚喜，遠遠超出他的預期。

幾年下來，哈伯累積上百個星系的詳細資料。他發現除了像仙女座星

| 距離我們愈遠的星系，退行的速度愈快，這就是著名的哈伯定律。 |

系等幾個離銀河系最近的星系，幾乎所有的星系都在遠離銀河系，用天文學的術語來說，叫作「退行」，就是相對於我們後退而行的意思。更令他驚訝的是，星系的退行速度與星系到我們的距離成正比。也就是說，距離我們愈遠的星系，退行的速度也愈快，這就是著名的哈伯定律。

　　哈伯如何發現遙遠的星系在退行呢？他又是如何測量退行速度呢？或許你想到的是近大遠小的規律，例如我們平時看天上遠去的飛機會愈來愈小，那麼只要測量出它變小的速度，就能推算出它的退行速度。這個原理沒錯，但這個方法用在星系退行的測定，完全無效。因為星系離我們實在太遙遠，以致於它退行所產生的一點點視覺上的變化，完全可以忽略不計。那麼，哈伯怎麼做到呢？

　　實際上，一個發光的物體如果遠離我們而去，除了造成視覺上的近大遠小外，光的顏色也會發生變化，退行速度愈快，變化的幅度就愈大。這種效應稱為「都卜勒效應」。在日常生活中，我們就能直觀地感受到都卜勒效應（Doppler effect）。比如，當火車鳴著笛朝你開過來時，你會聽到

火車的笛聲音調變高了；而從你身邊行駛過的一瞬間，或者當運動方向改為遠離你而去，笛聲的音調就會變低。這是因為聲波在運動方向的波長變短，頻率（音調）會升高，反之則波長變長，頻率（音調）降低。

光的本質是電磁波，所以在運動方向的波長會變短，頻率會升高，而頻率決定光的顏色。天文學稱之為藍移或者紅移，也就是說，光的顏色會朝著光譜的藍端或者紅端移動。如果發光物體朝著我們飛過來，就產生藍移，反之，遠離我們而去，就產生紅移現象。哈伯的精細測量結果顯示，幾乎所有星系發出的光都存在紅移現象，說明幾乎所有星系相對我們都在退行；距離我們愈遙遠的星系，它們紅移的幅度也愈大，說明距離愈遠的星系，退行速度就愈快。

它怎麼變小，還變色了？

都卜勒效應：發光的物體離我們遠去，除了會造成視覺上的近大遠小外，光的顏色也會發生變化。

宇宙大霹靂

宇宙膨脹這件事非常驚人，
如果往前反推，宇宙豈不是誕生於一個點嗎？

　　請你想像一下，銀河系在宇宙中的處境，就好像你站在一個廣場上，舉目四望，所有的人都在遠離你而去。那麼，你會不會產生自己是廣場中心的感覺呢？難道說銀河系就是宇宙的中心嗎？其實不是，哈伯仔細分析上百個星系的資料，他發現，從宇宙大尺度來看，幾乎所有的星系都在遠離銀河系，任何兩個星系之間的距離也都在增大，而且尺度拉得愈大，這個效應就愈明顯。

　　換句話說，在這個廣場上的每一個人舉目四望，都會產生同樣的感覺：其他人都在遠離自己而去。廣場上的每一個人都會有自己是廣場中心的感覺。所以，我們可以說宇宙處處都是中心，也可以說宇宙沒有中心，宇宙中沒有哪個位置是特殊的。這被稱為宇宙學第一原理 —— 平庸原理。不過，廣場只是一個二維的平面，而宇宙是一個三維的空間，因此，

> 銀河系在宇宙中的處境，就好像你站在一個廣場上，
> 看著周遭所有的人都在離你遠去。

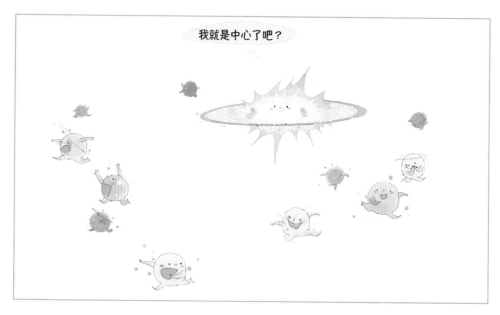

科學家經常用氣球來比喻宇宙。

假如我們在一個氣球的表面點上很多小點，每個小點代表一個星系，那麼，當這個氣球被吹大的時候，我們就會發現，所有的點都在互相遠離。因此，如果宇宙也是一個這樣的氣球，那麼哈伯的發現就證明宇宙正在膨脹。

宇宙正在膨脹，這絕對是一個令人震驚的大發現。哈伯的這個發現讓遠在德國的愛因斯坦也震驚不已。為了查證哈伯的觀測資料，愛因斯坦甚至親自跑到美國，生怕哈伯弄錯。愛因斯坦一直以為宇宙應該是一個非常恆定的結構，甚至不惜在自己的理論中憑空添加一個常數來維持宇宙的恆定。然而，令他萬萬沒有想到的是，宇宙居然不恆定，而且真的在膨脹。

宇宙膨脹這件事情非常驚人，有些科學家設想，假如昨天的宇宙一

定比今天的宇宙小，前天的宇宙又一定比昨天的更小，如此往前一直反推的話，宇宙豈不是誕生於一個點嗎？如此浩瀚無垠的宇宙，難道在很久以前只是一個小小的點嗎？這個設想實在太驚人，一開始大多數科學家都不信。當時著名的英國天文學家霍伊爾（Fred Hoyle），他就不信，還把這個他認為荒謬的設想稱作「宇宙大霹靂」，還說，難道宇宙是像一顆炸彈一樣「砰」的一聲炸出來的嗎？

　　也有少數科學家堅信宇宙大霹靂設想。不過，對於科學界來說，宇宙大霹靂顯然是一個非同尋常的觀點。對待這樣的觀點，科學家總是非常苛刻，光是哈伯的觀測證據還不夠，他們會要求更多的證據。那麼，還有什麼證據能夠證明宇宙正在膨脹呢？

你怎麼愈來愈胖了！！！

| 宇宙正在膨脹，這絕對是一個令人震驚的大發現。 |

宇宙微波背景輻射

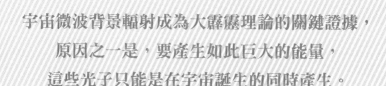

宇宙微波背景輻射成為大霹靂理論的關鍵證據，
原因之一是，要產生如此巨大的能量，
這些光子只能是在宇宙誕生的同時產生。

> 喬治‧伽莫夫（George Gamow，
> 1904～1968），俄國著名的物理
> 學家和天文學家，以宣導宇宙起
> 源於「大霹靂」的理論聞名。

　　有一位叫伽莫夫（George Gamow）的科學家，他根據愛因斯坦的相對論而計算，得到一個結果，如果宇宙真的誕生於一次大爆炸，那麼這團爆炸後的火球膨脹到今天這個大小後，並沒有完全冷卻，還剩下那麼一絲絲的溫度。也就是說，外太空也不是絕對零度，還剩下一點處處均勻的餘溫。伽莫夫計算出這個餘溫的精確數值是5K，並且預言我們能夠測

| 伽莫夫發現外太空也不是絕對零度，還剩下一點處處均勻的餘溫。 |

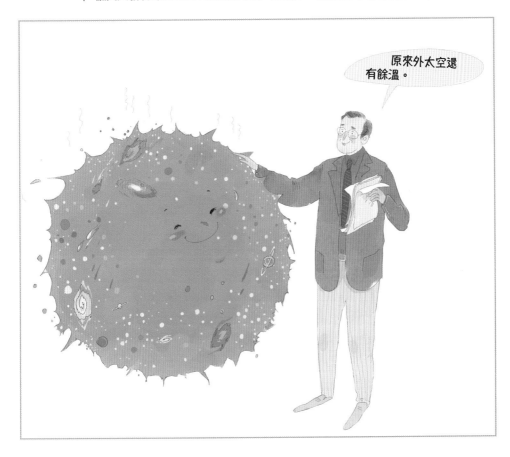

量出這個溫度。如果用今天測定出的各種參數代入伽莫夫的方程式，這個值應當是2.7K。你可能不熟悉K這個溫度單位，如果轉換成我們熟悉的攝氏溫度，2.7K就是零下270.15℃。2.7K只比絕對零度高了一丁點。因此，預言雖然提出來，但以當時人類所掌握的技術，想探測宇宙中殘存的一丁點溫度，並不可能。伽莫夫還需要等待。這一等，就是24年，幸運的伽莫夫在去世前等到了這一天。

宇宙就好像一台超級大的微波爐，只是它的功率很低。
探測這麼低功率的微波輻射，需要巨大的電波天文望遠鏡。

你的微波輻射功率太低，只有我才能探測到！

　　如何探測這麼低的溫度呢？用溫度計是不行的，因為這麼低的溫度表現出來的其實是微波輻射，而不是熱量。這就像你家裡的微波爐，它發出的微波可以加熱食物。宇宙也像一台超級巨大的微波爐，只是功率極低。探測這麼低功率的微波輻射，需要非常大的電波天文望遠鏡。

　　1964年，兩位美國工程師 —— 潘齊亞斯（Arno Penzias）和威爾遜（Robert Wilson），在美國新澤西州的霍爾姆德爾，共同建造一個形狀奇特

的號角形電波天文望遠鏡，開始對來自銀河系的無線電波進行研究。他們並不知道伽莫夫的預言，設定研究的對象也不是宇宙微波背景輻射，但是，他們竟然意外地發現宇宙微波背景輻射（關於這個發現背後的故事，請參見《如果你跑得和光一樣快》第7章）。

這是20世紀天文學史上最重要的發現之一，也是宇宙大霹靂理論（Big Bang）的最關鍵證據。這兩個幸運的美國工程師因為這個發現，在10多年後獲得1978年的諾貝爾物理學獎，榮光無限，儘管他們根本就不是研究理論物理。他們恐怕也是最幸運的諾貝爾獎得主。

宇宙微波背景輻射之所以能成為大霹靂理論最關鍵的證據，不僅僅因為它符合伽莫夫的預言，還有一個更重要的原因。按照已觀測到的3K左右的溫度，相當於宇宙任何一個地方，每平方公分每秒都能接收到大約10個光子。考慮宇宙的尺度，根本不可能有哪一個輻射源能產生如此巨大的能量，這些光子只能是在宇宙誕生時，同時產生，就像一個巨大的火球在經過138億年膨脹後的餘溫。

33
Section

不凡的主張需要
不凡的證據

> **看到任何一個感到震驚的消息，**
> **震驚的程度愈深，愈需要追根究柢、多方求證。**

　　伽莫夫的預言終於被觀測結果證實，這是天文學史上非常重要的發現。正因為這個證據，讓絕大多數科學家從反對宇宙大霹靂的陣營轉投到支持的陣營，科學家認為這個證據經得起嚴格的考驗。兩位貝爾實驗室的無線電工程師意外獲得諾貝爾物理學獎，成為史上最幸運的獲獎者。

　　本章故事希望讓你記住的科學精神是：

非比尋常的主張需要非比尋常的證據。

　　全世界中，科學家最看重證據，在科學探索中，唯一能讓假說成為理

論的只有證據。而且，愈是非比尋常的假說，就愈需要非比尋常的證據。

　　所以，你以後看到任何一個感到震驚的消息，一定要問是否有同等級的證據。你震驚的程度愈深，就愈需要追根究柢、多方求證，千萬不要輕易被驚悚的標題唬住！

　　既然科學家接受宇宙大霹靂的理論，接下來，自然而然產生另一個重要的問題：這場大爆炸到底發生在什麼時候呢？科學家到底是如何估算宇宙的年齡呢？下一章揭曉答案。

科學動動腦

假如你看到一篇文章，標題寫著「食鹽中的『抗結塊劑』亞鐵氰化鉀致癌」，你覺得自己應該怎麼做才是最有科學精神的做法？

學習筆記

第 8 章

宇宙的年齡原來這樣推算

如何測量麵團
膨脹了多久？

只要測量麵團每小時會膨脹多少速度值，
再用麵團的體積來除，就能算出麵團膨脹多久。

科學家發現宇宙正在膨脹。有些人可能會想，如果宇宙正在膨脹，銀河系是不是也在膨脹呢？地球與太陽的距離是不是也愈來愈遠呢？其實，這是對宇宙膨脹常見的誤解。我們說的宇宙膨脹是在比星系更大的尺度，而在星系內部，萬有引力的力量超過引起宇宙膨脹的力量（這被稱為暗能量，請參見《如果你跑得和光一樣快》第9章），所以，銀河系並不膨脹，地球與太陽距離的變化也與宇宙膨脹無關。

宇宙膨脹，意謂明天的宇宙一定比今天的大，而後天的宇宙也一定比明天的大。反過來想，也就意謂昨天的宇宙一定比今天的宇宙小，前天的宇宙又比昨天的小。沒有什麼能阻止宇宙膨脹，也沒有什麼能阻止宇宙在時間反向上縮小。一直反推下去，宇宙必然起源於一個小到不能再小的點。自然而然地，科學家們就感興趣，宇宙到底膨脹多久呢？我們有沒有

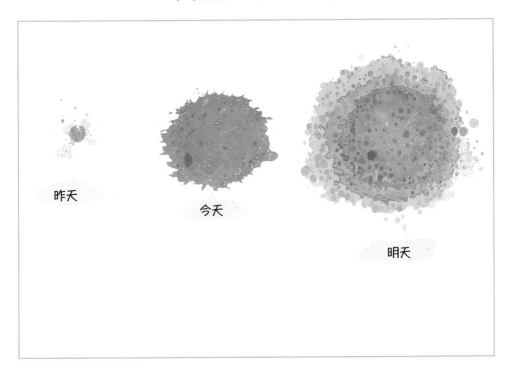

昨天

今天

明天

辦法知道宇宙的年齡呢？

　　這似乎是一個不可能完成的任務，但是呢，科學家們居然用他們的智慧解決這個難題，簡直太厲害了！科學家是怎麼解決的呢？

　　首先，考你一道題目，如果在生活中，你看到一個正在等速膨脹的麵團，例如烤箱中正在烤的麵包，你有沒有辦法測算出這個麵團已經膨脹多久呢？

　　聰明的你可能想出來了，我們只需要測量麵團的膨脹速度即可，具體的操作過程是這樣：先記錄開始測量時麵團的體積。過一段時間，比如1小時後，我們再次測量麵團的體積。把兩次測量得到的體積相減，就得到

這個麵團每小時會膨脹多少的速度值。知道這個速度值，只需要用麵團現在的體積除以麵團膨脹的速度值，就等於知道麵團已經膨脹多長時間。

我們來舉個例子。比如，第一次測量得出的麵團體積是18立方公分，1小時後測量得出的麵團體積是20立方公分，那麼這個麵團每小時可以膨脹2立方公分。請問：它膨脹到現在的20立方公分用了多久時間呢？答案是：20÷2=10（小時）。我們也可以認為這個麵團的年齡就是10歲，麵團世界1小時就相當於人類的1年。

到底膨脹了多久呢？

| 你有沒有辦法測出這個麵團已經膨脹了多久呢？ |

如何測量宇宙膨脹了多久？

只要測量星系之間互相遠離的平均速度，
就能計算出宇宙的年齡。

　　怎麼樣？很簡單吧？理解毫無困難。我們能不能用這個方法計算宇宙的年齡呢？把宇宙想像成一個麵團，測量一下宇宙的體積。很遺憾，我們沒辦法測量出宇宙的體積，因為我們本身就在這個麵團中，不可能跳到麵團外面測量麵團的體積。

　　其實，我們不需要知道麵團的體積，還有一個更加聰明和簡單的辦法測量麵團膨脹多久。辦法是這樣的：先在麵團的表面撒上一些芝麻，然後測量任意兩顆芝麻之間的距離，過 1 小時後，再測量這兩顆芝麻之間的距離。把兩次測量得到的距離相減，就得到這兩顆芝麻每小時會遠離多少的速度值。知道這個速度值，我們同樣可以計算出這個麵團膨脹多長時間。因為我們假設麵團是從一個點膨脹而來，這兩顆芝麻在膨脹開始前必然重合。假如我們第一次測量兩顆芝麻的距離是 9 公分，1 小時後結果是 10

在麵團的表面撒上一些芝麻，然後測量不同時段裡，
任意兩顆芝麻之間的距離，這樣就能算出麵團膨脹了多久。

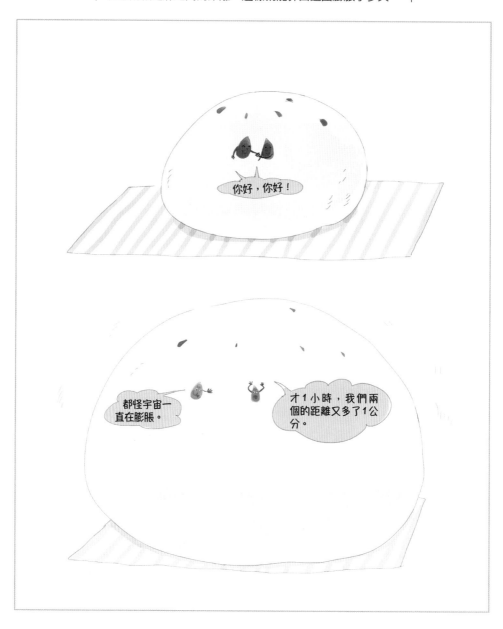

公分，這就意謂這兩顆芝麻每小時互相遠離1公分，也就是在第二次測量時，麵團的年齡是10÷1=10（歲），我們同樣得出麵團年齡是10歲。

你看，這個簡單又聰明的辦法避免測量整個體積。那麼問題來了，在宇宙中，有沒有像這樣可以供測量距離用的標記點呢？答案有，不但有，而且還很多。這就是宇宙中無數個大大小小的星系，這些星系均勻地分布在全宇宙中，距離銀河系近的幾百萬光年，遠的有100多億光年。在宇宙這個尺度上，我們可以把星系看成一個一個標記點，只要測量標記點之間互相遠離的平均速度，就能透過剛才講的方法，計算宇宙的年齡。

你的膨脹速度可是用我的名字命名！

| 為了紀念哈伯的貢獻，我們把宇宙膨脹的速度值叫作哈伯常數。 |

講到這裡，你可能覺得奇怪，前面用的是麵團表面的芝麻，而星系是在宇宙內部，好像不一樣啊。其實，你把芝麻想像成均勻地分布在整個麵團中，不論是在表面還是在內部，這個原理都是相通。

上一章提到，20世紀20、30年代，在美國加州的威爾遜山天文台，天文學家哈伯痴迷於測量不同的星系到銀河系的距離，他率先透過這個方法計算出宇宙的年齡大約是2億多歲。為了紀念哈伯的貢獻，我們今天把宇宙膨脹的速度值叫作哈伯常數，把透過這個數值推算出來的宇宙年齡稱為哈伯時間。

當然，受限於哈伯那個年代的觀測精準度，他的測量數值誤差還很大，但意義極為重大，這可是人類第一次用科學方法推算出宇宙年齡。方法一旦找到，離真相就已經不遠了。今天，隨著太空望遠鏡的升上天，哈伯常數已經被測量得愈來愈精確，宇宙年齡逐步被鎖定在138億歲左右，上下的誤差不超過4000萬年。

不過，我又要說那句話，非比尋常的主張，就需要非比尋常的證據，科學精神最看重的就是證據。除了哈伯常數的測定，我們還有沒有其他證據可以驗證宇宙的年齡呢？

宇宙年齡的證據

我們能觀察到的星系，最遠都不超過465億光年，
因此天文學家把465億光年半徑的宇宙稱為可觀測宇宙。

　　當然還有。不知道你有沒有意識到，每當我們在夜晚抬頭仰望星空的時候，其實就是在回望宇宙的過去。比如說，你此時此刻看到的北極星，其實不是現在的北極星，而是430多年前的北極星，因為北極星距離地球430多光年。所謂的光年是一個距離單位，它表示光在一年中走過的距離。所以，北極星發出的光需要走430多年才能到達地球。

　　又如，我們測出某個星系距離我們1億光年，也就意謂，我們現在看到的光，差不多就是它1億年前散發出來。請注意，在這裡我加了「差不多」三個字。為什麼還要加這三個字呢？因為宇宙在膨脹。

　　有時候我們在資料中看到一個古老的星系距離我們400億光年，但是宇宙的年齡才138億歲啊，顯然這個古老星系的年齡不可能有400億歲，它的年齡一定是小於138億歲。

其實你看到的是我430多年前的樣子。

你此時此刻看到的北極星，其實不是現在的北極星，而是430多年前的北極星。

這是因為這些古老星系的光子飛向地球的同時，它們的背後就會不斷地「冒」出新的空間，當這些光子飛行130億年，終於到達地球時，古老星系離地球的距離早就超過130億光年。你可以把宇宙想像成一塊彈性布，當光子在這塊布上前進時，這塊布也不斷地拉伸，所以我們在測量星系的距離時，也必須考慮宇宙的整體膨脹係數。

理解上面這些基本概念後，我就可以告訴你們宇宙年齡的一項重要證據。天文學家發現，不論把望遠鏡指向宇宙何處，我們能觀測到的最遙遠的星系，距離我們都不超過465億光年。注意，這不是因為我們的望遠鏡的解析能力不夠，假如還有更遙遠的星系，我們的望遠鏡也一樣能發現。扣除宇宙膨脹所產生的額外距離後，結果就是，我們所能觀測到的所有星系，沒有超過132億歲，這與哈伯常數計算出來的結果一致，這是鋼鐵般的證據。

有些人可能覺得奇怪，為什麼是不超過132億歲？前面不是說宇宙的年齡大約138億年嗎？原因超級簡單，在宇宙誕生的最初6、7億年裡，星系還沒有形成呢！

　　或許你會產生一種誤解，以為宇宙的半徑就是465億光年，其實不是。在465億光年之外完全有可能還有無數的星系，只是這些星系發出的光跑了138億年也沒有跑到地球，實際上它們很可能永遠也跑不到地球，這就好像你在機場的電動平面扶梯上反向行走，如果你走路的速度趕不上電動平面扶梯移動的速度，你就永遠也不可能前進。因此，天文學家把465億光年半徑的宇宙稱為「可觀測宇宙」。

　　宇宙年齡的證據還不止我上面說的這些，其他一些根據更複雜的原理測量出來的資料，也都表明宇宙的年齡是138億歲左右。這麼多的測量資料匯總在一起，形成一個堅實的證據鏈，將宇宙的年齡牢牢鎖定。宇宙誕生於大約138億年前的一次大爆炸，這個理論已經成為科學界公認的成果，被絕大多數的科學家認可，也寫入教科書。

沒有測量就沒有科學

> 任何一門學問要邁入科學的殿堂，
> 都離不開測量。

本章希望你記住的科學精神是：

 測量是一切科學研究的基礎，沒有測量就沒有科學。

著名的克爾文勳爵（Lord Kelvin）曾經說過：如果你不能用測量資料說話，那你就沒有資格談科學。天文學家之所以敢說宇宙的年齡是138億歲，那是有實實在在的測量資料，而不是僅依靠理論推測。請記住，科學中的任何結論都有測量資料的支持，無一例外。

中國古代有很多偉大的思想巨著，比如《周易》、《道德經》、《莊

子》等，古人的這些著作體現古老而悠久的文明。但這些著作是哲學著作，並不是科學著作，其中最重要的原因是，這些著作只有思辨而沒有測量。任何一門學問要邁入科學的殿堂，都離不開測量。

這章開宗明義說過，因為我們自己身在宇宙中，沒法測量出宇宙的體積，但科學家又真的很想知道宇宙到底有多大，至少他們想弄清楚，宇宙到底是有限還是無限。你是不是也很想知道呢？下一章揭曉答案。

科學動動腦

社會上有一門很流行的學問，就是研究星座與性格之間的關係，我想請你根據學習到的知識來判斷一下：這門學問屬不屬於科學呢？

學習筆記

第 9 章

宇宙有限
還是無限？

宇宙有沒有邊界？

愈來愈多科學家贊同宇宙是有限的這種觀點，
只等天文學家找到證據。

孩提時候，我特別喜歡問：宇宙到底有多大？你是不是也對這個問題感到非常好奇呢？

前面的敘述中，人類能夠觀測到的宇宙範圍，永遠也不可能超過半徑465億光年的一個球形區域，但是，這並不意謂宇宙就是一個半徑465億光年的球。我們之所以看不到比這更大的範圍，原因是光速有限。我們能看到的最古老的光子不可能超過宇宙的年齡。

宇宙到底是多大呢？今天的宇宙到底是有限還是無限？

古代的哲學家一致認為，空間是無限大。這是一種非常單純的想法，它符合一個很簡單的道理。假如我說宇宙是有限，就好像一個籃球，你可能馬上就會反問我：籃球的外面是什麼呢？宇宙的外面是什麼呢？因為在我們的腦子裡，似乎「外面」總是存在的。

不過，到了現代，科學家卻對哲學家說：不一定。這似乎違反直覺，不好理解，什麼樣的東西是固定大小，但沒有邊界的呢？

其實，只要我們再深入思考，這個東西也不難找。你想，一隻螞蟻在籃球上爬，這個籃球對於螞蟻來說，就是沒有邊界但大小有限的區域。原因就在於籃球的表面是彎曲的，它的表面形成一個閉合的曲面，這樣一來，螞蟻無論朝哪個方向一直爬，最後總是會回到原地。當然，宇宙並不

是籃球，這僅僅幫助你理解宇宙的第一步。

一個二維的平面假如是彎曲的，就能形成一個有限無界的曲面。其實，同樣的道理，三維的空間也可以是彎曲的，這就是愛因斯坦的深刻洞見。100多年前，愛因斯坦提出廣義相對論，這個理論最核心的思想就是空間可以是彎曲。愛因斯坦的發現顛覆人們對於空間的認知，非常違反常識。

奇怪了，這條路怎麼都走不到盡頭啊？

這個籃球對於螞蟻來說，就是沒有邊界，但大小有限的區域。

不過，科學家只相信證據，不相信常識，經過這100多年的努力，現在，大量的堅實證據都證明愛因斯坦是對的，空間確實可以是彎曲。

自從愛因斯坦提出這個理論後，就有很多科學家認為，整個宇宙就是一個無比巨大的彎曲空間。什麼意思呢？就是說，假如我們朝著宇宙中任何一個方向一直飛，只要飛行的時間夠長，最終我們就會回到原地，就好像那隻在籃球上爬的螞蟻一樣。換句話說，宇宙是一個循環往復，有限但無界的空間。

再後來，宇宙膨脹現象被發現，宇宙大霹靂理論也成為一個有堅實觀測證據的科學理論。既然宇宙誕生於138億年前的一次大爆炸，那宇宙的

這種有限無界的特性似乎更說得通，於是愈來愈多的科學家贊同宇宙是有限的這種觀點，大名鼎鼎的物理學家霍金（Stephen Hawking）也是這種觀點的擁護者。幾乎所有的科學家都認為，接下來只需要交給天文學家們，等他們找到宇宙有限的證據就可以了，而這個證據遲早會被找到。

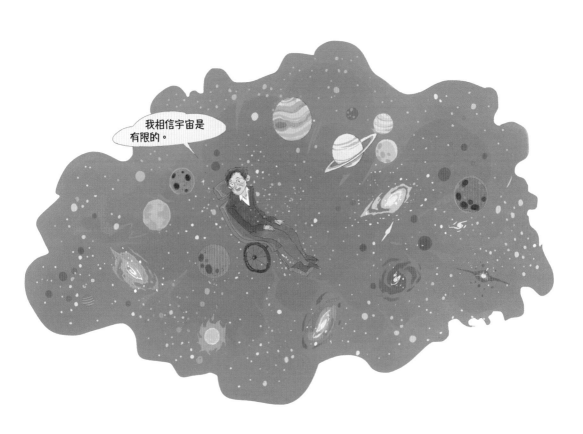

愈來愈多的科學家贊同宇宙是有限的，
大名鼎鼎的物理學家霍金也是這種觀點的擁護者。

宇宙沒按常理出牌

科學家意外地發現，
宇宙的曲率很可能不多不少，恰好就是零。

任何科學猜想都需要證據，宇宙有限同樣需要證據。你可能會想，前面我不是剛剛說愛因斯坦的彎曲空間理論有大量的堅實證據了嗎？它們有點不同，我們現在確實有了堅實的證據證明空間可以是彎曲，更準確地說，我們只是證明在大質量天體附近的空間是彎曲，但是，這和證明宇宙在大尺度上整體是彎曲，本質上不同。打個比方，假如把宇宙想像一張地毯，我們只是證明在這張地毯上分布著很多小坑，並不能證明整

假如把宇宙想像成一張地毯的話，我們只是證明在這張地毯上分布著很多小坑洞，並不能證明整張地毯從大尺度上來看是彎的還是平的。

張地毯從大尺度上來看，是彎的還是平的。在物理學上，我們用「曲率」這個詞表示彎曲程度。如果是完全平的，一點彎曲都沒有，那麼曲率等於零；假如曲率大於零或者小於零，就說明不同程度的彎曲。

　　所以，要找到宇宙有限的證據，就需要測量宇宙空間在大尺度上的曲率。然而，宇宙似乎不喜歡被人類的科學家輕易地看透，它總是喜歡給我們製造意外。最近這十幾年，天文學家們採用很多不同的方式，精心測量宇宙的曲率，他們發現在精密度誤差1%的範圍內，沒有測量到任何彎曲。這已經是一個相當高的精密度了，也就是說，科學家意外地發現宇宙的曲率很可能不多不少，恰好就是零，或者說，曲率怎麼都不會大於0.01，宇宙很可能是完全平的。

　　這個結果讓所有的科學家吃了一驚，雖然現在還不能完全肯定宇宙是平的，但已經有了一種劇情大反轉的感覺。你或許很想知道科學家如何測量宇宙的曲率。以下介紹測量宇宙曲率的兩個方法。

| 宇宙很可能是平的。 |

測量宇宙曲率的方法

> 宇宙空間從整體上看很可能完全平的，
> 至少是極度地接近平直。

　　第一個方法就是簡單直接的幾何學測量。你一定知道，三角形的內角和等於180度，這是一個最基礎的幾何學常識。不過，這個常識其實需要一個非常重要的前提，那就是，這個三角形必須是一個平面上的三角形。假如你在一個籃球上畫一個三角形，那麼三角形的內角和就不再是180度，而是大於180度。假如我們在一口鍋中畫一個三角形，三角形的內角和就會小於180度。因此，反過來，我們就可以透過測量三角形的內角和，判斷這個三角形所處的面是平的還是彎曲的，以及怎麼彎曲。根據這個原理，如果我們在宇宙中測量一個巨大三角形的內角和，比如三個相距遙遠的星系構成的三角形，假如內角和不等於180度，那麼，我們就可以推斷出，宇宙空間不是完全平直。

　　第二個方法是間接測量。要搞懂這個方法，你需要具備一點點相對

透過測量三角形的內角和，就可以判斷這個三角形
所處的面是平的還是彎曲的，以及是怎樣彎曲的。

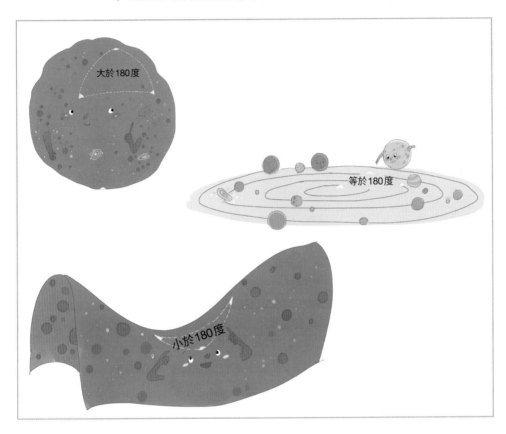

論的知識。愛因斯坦在100多年前揭示質量和能量可以使得空間彎曲的道
理，而且還有一個可以定量的推論：假如整個宇宙的平均質能密度等於某
一個數值，那麼宇宙從整體上就是平直；如果大於或者小於這個數值，宇
宙就是彎曲。你不需要搞懂這是怎麼計算出來，這個數值到底是多少，這
超出你現在掌握的數學知識範圍，你只需要知道理論物理學家計算出這樣
一個數值就夠了。

天文學家經過 10 多年的精心測量，結論是在 0.004 的誤差範圍內，宇宙的平均質能密度剛好等於那個使得宇宙平直的數值。這說明宇宙中的物質不多不少，恰好可以讓整體空間維持平直。如果用一個更直觀的比喻，讓你理解這種巧合有多精巧，你可以這麼想 —— 平均來說，在一個像北京水立方體育館那麼大的宇宙空間中，恰好包含 5 顆沙子。假如多 1 顆或者少 1 顆，都會造成宇宙的彎曲，必須剛好是 5 顆，就是這麼苛刻。可是，我們的宇宙卻真的做到了。

　　所以，今天的宇宙學家告訴我們，儘管還沒有百分之百的把握，宇宙空間從整體上看很可能完全平的，至少極度地接近平直，換句話說，宇宙很可能是無限大，至少極度地趨近於無限大。

不可思議的無限大

無限大的宇宙意謂有無限多的星系，
無限多的星系意謂有可能存在一個一模一樣的地球。

實際上，對於天文學家來說，宇宙無限大這個結果遠比宇宙有限大更出人意料，因為宇宙無限大會產生很多不可思議的推論。舉例來說，現在的天文觀測結果表明：宇宙中的星系分布在大尺度上是極為均勻的。因此，我們有理由認為，在可觀測宇宙之外，也就是465億光年之外，星系的分布依然均勻。

無限大的宇宙意謂有無限多的星系，至少是極度接近無限多的星系。無限多的星系就意謂極有可能存在另外一個一模一樣的地球。這就好像，假如地球是一副撲克牌的某一種排列。只要撲克牌的數量固定，那麼只要給出足夠多的撲克牌，總能找到兩種一模一樣的撲克排列。組成地球的每一個原子好像是撲克牌的每一張牌，無限多的星系意謂有無限多副撲克牌，那就總能找到兩個一模一樣的地球。

也就是說，在宇宙中的某個角落，很可能還有個一模一樣的你和我，正在做著一模一樣的事情。這是不是不可思議呢？但這是科學推論。

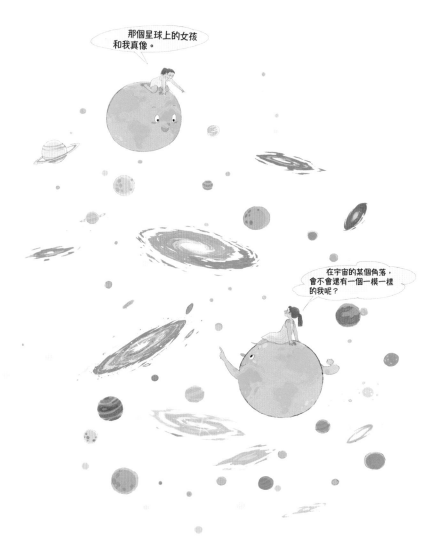

在宇宙中的某個角落，很可能還有一個一模一樣的你和我。

過程比結論更重要

> 比答案更重要的是，
> 尋找答案的過程。

本章希望讓你記住的科學精神是：

 決定思想深度的不是結論，而是推導的過程。

　　數千年前，人們認為宇宙是無限的，今天的科學家也這麼認為。結果雖然相同，可是理由完全不同。古人靠的是直覺和經驗，而科學家靠的是數學計算和觀測實證。

　　在你的學習生涯中，會學習很多的科學知識。或許還會發現一些現代科學的結論與古人的某個說法不謀而合，或者非常類似。比如，老子曾經

說過：「道生一，一生二，二生三，三生萬物。」有人說，這說的不就是宇宙大霹靂嗎？萬物都是從最初的一個叫「道」的東西生出來的。

我們姑且認為老子當時想到宇宙有一個起點（儘管這沒有證據），但是，老子的著作卻沒有告訴我們，他是如何發現「道生一」，又是如何發現「三生萬物」，以及為什麼不是「二生萬物」。所以，我們不能認為老子比現代科學家更偉大，因為，比答案更重要的是尋找答案的過程。

講完宇宙的年齡和大小，本書即將結束，最後一章，我要帶你看一看宇宙的未來，宇宙到底會走向怎樣的結局呢？下一章揭曉答案。

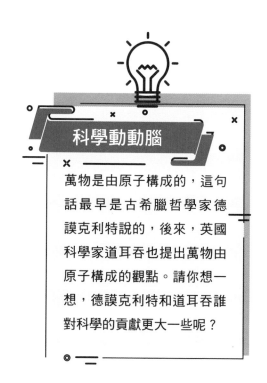

科學動動腦

萬物是由原子構成的，這句話最早是古希臘哲學家德謨克利特說的，後來，英國科學家道耳吞也提出萬物由原子構成的觀點。請你想一想，德謨克利特和道耳吞誰對科學的貢獻更大一些呢？

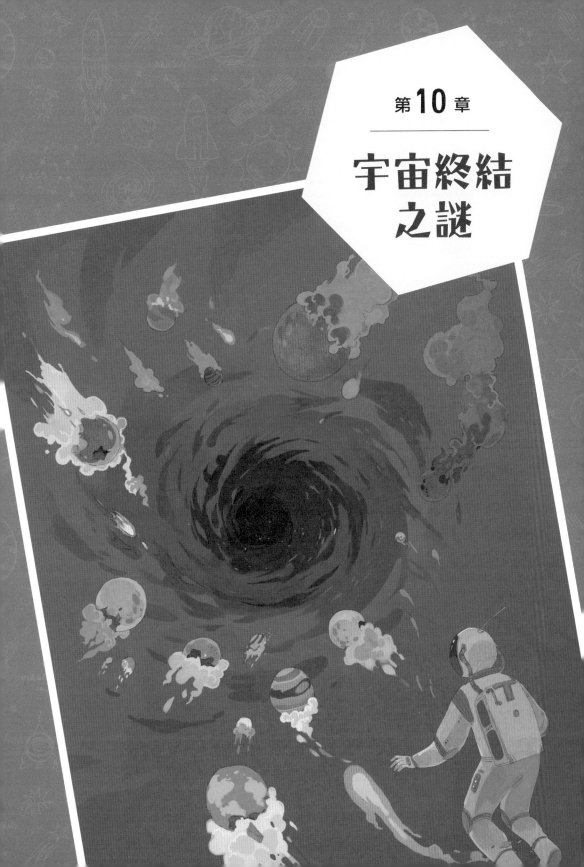

第10章

宇宙終結
之謎

追問宇宙命運的意義

> 我們研究宇宙的終結，
> 也是一種對美的追求。

從人類文明誕生的那天起，我們就在追問兩個問題：宇宙從何而來？要去向何方？現在，我們已經可以大致有把握地回答第一個問題：宇宙誕生於138億年前的一次大爆炸。過去發生的事情相比於未來的事情更容易回答一些，因為已經發生的事情總會留下各種蛛絲馬跡，科學家可以研究這些蛛絲馬跡還原真相。而未來的事情還沒發生，我們只能靠推測，所以，第二個問題「宇宙要去向何方」，就不是那麼容易回答了。

宇宙的命運最終會是怎麼樣的？這是人類能夠提出的終極問題。所有對此問題的回答都是現有人類智慧的回答，並且也不可能得到最後的驗證。那麼，研究這個問題到底有沒有意義？為什麼要研究？其實，所有的意義都是人賦予的，能夠引發思考，滿足好奇心，就是無與倫比的意義。在解決溫飽之前，藝術是沒有意義的，但是沒有溫飽顧慮之後，人們會發

從人類文明誕生的那天起，我們就在追問兩個問題：宇宙從何而來？要去向何方？

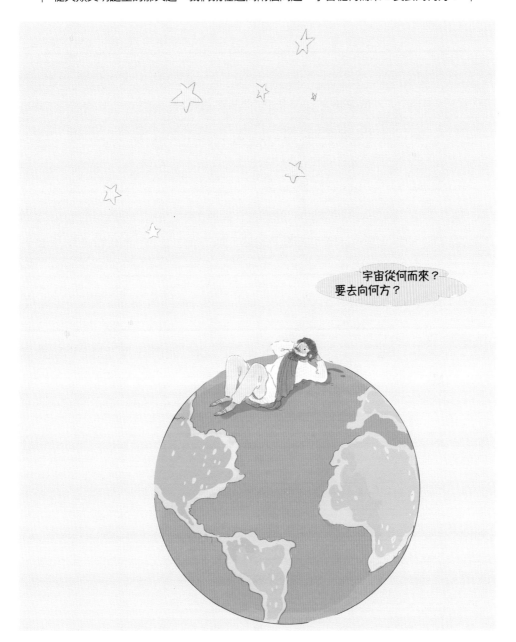

宇宙從何而來？
要去向何方？

現藝術的意義大於吃飯。如果你追問下去，藝術對人類的意義到底是什麼？追問到最後就只有一個答案，給人帶來美感。

我們研究宇宙的終結也是一種對美的追求，你不覺得宇宙就是一部宏大壯闊的交響曲嗎？從宇宙大霹靂的那一聲大鼓開始，這首已經持續138億年的交響曲正進入高潮，它最終會以什麼樣的方式結束？人類有追尋答案的本能衝動。如果把人類文明當作宇宙中難以計數的文明之一來看待，這個問題的研究深度，代表人類文明在宇宙文明中的排名。它的意義不是針對某個個人，而是賦予整個人類的文明。

雖然看似無解，但科學家依然可以根據已知的物理定律，對宇宙的未來合理推測。到底是什麼樣的物理定律，能夠讓我們對宇宙的未來提出科學猜想呢？這就是大名鼎鼎的熱力學第二定律，也被稱為「熵增定律」。

熵增原理

宇宙的總體熵值只能增大，不能減小，
即所有的原子也一定會自發地朝著無序方向發展。

　　「熵」（entropy）這個字對你來說可能是個生僻字，它是一個物理學術語，就好像我們經常會遇到的「質量」、「能量」一樣，都是科學家提出的專有名詞，用以度量自然界中的某種物理量。不過，這個物理量比較抽象，它表示自然界一種自發的發展方向，這個方向就是從有序向無序發展，用熱力學的術語來說，就是從低熵值向高熵值發展。

　　打個比方，我們拿到一副新的撲克牌，牌的排列按順序從小到大，洗牌的次數愈多，這副牌的排列就會變得愈來愈無序，在這個系統中，熵就在慢慢地變大。再比如，一個打碎的玻璃杯，它的熵就比打碎前增加了。還有，我們把一堆無序的沙子堆成一個很有規則、形狀完整的沙堡，在這個過程中，沙子的熵值就減小了。

　　物理學家發現大自然的一個規律：任何孤立系統中的熵，只能增大，

不能減小。什麼叫孤立系統呢？你可以把它理解為一個不受外界干擾的環境。比如說，一個打碎的玻璃杯，如果沒有外界干擾的話，它不可能自發地還原，也就是說，它的熵值不可能自動減小。

再比如，剛才你堆起的那座沙堡，假如我們把大自然想像成一個封閉的系統，在沒有人類干擾的情況下，風很快就會讓沙堡消失，讓沙子的排列重新回歸無序，再厲害的風也永遠

我的熵增大了。

我的熵減少了。

| 碎玻璃的熵增大了，沙堡的熵減少了。 |

不可能把沙子吹成一座規則的沙堡形態。這同樣也是熵增定律的體現。

在宇宙學家的眼中，我們的宇宙也可以被看成是一個超級巨大的孤立系統，而宇宙中的所有物質都是由原子組成，這些原子好像是沙子。那麼，宇宙的總體熵值也只能增大，不能減小，也就是說，所有的原子也一定會自發地朝著無序方向發展。那麼，整個宇宙的熵值最大，也就是最無序的狀態是什麼呢？

宇宙熱寂假說

宇宙熱寂的假說一度統治著宇宙學，
不同的宇宙學家只是對熱寂的年代與方式會產生分歧。

那就是宇宙中的所有原子都均勻地分布在整個宇宙空間中，就好像沙子均勻地分布在海灘上。到了這時候，宇宙熵就達到了最大，我們的宇宙再也不可能產生什麼變化，宇宙的末日也就到了。

因為這個末日是用熱力學第二定律推導出來，所以就被稱為宇宙的熱寂

我的溫度怎麼
愈來愈低？

宇宙的熱寂說並不是宇宙最後會熱死的意思，其實到了熱寂那一天，宇宙的溫度也降到最低。

說（heat death），並不是宇宙最後會熱死的意思，其實到了熱寂那一天，宇宙的溫度也降到了最低。

不過，科學家對於熱寂的整個過程到底會是怎麼樣，會在多久之後發生，沒有一致的答案，甚至產生比較大的分歧。

有一些科學家認為，宇宙中所有的恆星最終都會燃燒完畢，所有的天體都會分解成基本粒子，甚至連黑洞也會全部蒸發完畢，宇宙只剩下永恆的黑暗。這個過程大約需要 10^{1000} 年，也就是在1後面跟1000個0那麼多年，我勸你不用試圖去想像這是多麼長的一個時間，因為你無論把它想像有多久，實際上它都比你能想到的還要久得多。

關於宇宙熱寂的假說一度統治著宇宙學，不同的宇宙學家只是在熱寂的年代和方式上會產生分歧。但是，令人意想不到的是，人類進入21世紀，在宇宙學上的一個意外發現，很可能讓宇宙末日來臨的時間大大地縮短，這種縮短程度超乎想像，就好像把現在的整個可觀宇宙，一下子縮小到比一個原子還小。這個意外發現到底是什麼呢？

宇宙大撕裂假說

關於宇宙終結，
所有假說都還缺乏足夠的證據。

這個意外發現就是暗能量，宇宙中似乎存在一種超出人類現有科學知識的能量形式，它瀰漫在整個宇宙空間中。雖然單位空間中的暗能量極其微弱，比如，整個太陽系那麼大的空間中所含的暗能量總量，可能還比不上你眨眼所需要的能量。但是，宇宙實在太大了，整個宇宙蘊含的暗能量加在一起就不得了。而且，暗能量還有一個特點，它會隨著空間的增加而增加，不會被稀釋。也就是說，宇宙膨脹得愈大，暗能量也就愈大。

有一些科學家計算出，220億年之後，宇宙的暗能量足以大到把宇宙中的所有物質澈底撕裂。所謂的澈底撕裂，就是每個基本粒子之間互相遠離的速度都超過光速，任何基本粒子之間再也不可能發生相互作用，宇宙也不可能再發生任何變化，一切可能性都喪失了。這就是大撕裂假說（Big Rip）。

大撕裂假說得到不少科學家的支持，但是計算結果不太一樣，甚至有人認為150億年以後，宇宙就將進入大撕裂狀態。雖然說，不管是220億年也好，150億年也好，相對於現在來說都是非常非常遙遠的事情，並不會對我們的現在產生任何影響，但每每想到這種可怕的大撕裂的結局，我還是會不寒而慄。

　　想想看，每一個基本粒子互相遠離的速度都大於光速，這個宇宙不可能再發生任何變化，一切可能性都喪失，這樣的結局似乎太恐怖了。但

｜　220億年後，宇宙的暗能量就足以大到把宇宙中的所有物質澈底撕裂。　｜

是，在人類澈底揭開暗物質和暗能量產生的根源之前，大撕裂仍然是一個建立在流沙上的城堡，可能說毀就毀了。

熱寂假說和大撕裂假說是目前科學界有關宇宙末日的最重要的兩種假說，除此之外，還有其他一些假說。例如宇宙大坍縮假說，這個假說認為，宇宙會在膨脹到某一個臨界點後，停止膨脹，發生收縮，直到重新收縮回奇異點（singularity）大小。但隨著暗能量的發現，這個假說已經愈來愈不吃香了。

關於宇宙終結，所有假說都還缺乏足夠的證據。還記得我最常說的一句話嗎？非比尋常的主張，必須要有非比尋常的證據。總之，宇宙到底會走向何方，這個問題依然是未解之謎。

探索永無止境

> 對於宇宙而言，人類渺小如微塵，
> 但是這樣渺小的人類，居然能了解宇宙到今天這樣的程度。

人類探索天文的歷史，其實也是人類追求科學的歷史，希望你能從中體會人類是怎樣一步步地走出蒙昧，產生理性，最後又誕生科學。

我們現在已知的天文學知識，無不是在科學精神的引領下，一步一腳印地探索得來。如果把我們對宇宙的認識比喻成一座雄偉大廈的話，那麼每一塊磚瓦都不是憑空而立，而是一塊一塊地堆疊上去。在建造這座大廈的過程中，我們不斷地修正，剔除無法經得起嚴格檢驗的磚塊，每增加一層都得經得起無數人的質疑和驗證。

時至今日，人類已經取得許多偉大的成就。對於宇宙而言，人類渺小如微塵，但是這樣渺小的人類，居然能了解宇宙到今天這樣的程度，身為人類的一分子，我深感自豪。

不久的將來，也許會有這麼一位少年立志去探尋宇宙的奧祕。

本章希望你能記住的科學精神是：

探索永無止境。

宇宙還有許多未知領域，即使太陽系，我們想知道的東西依然數不勝數。太陽的磁暴是怎麼產生的？太陽系中除了地球之外，還有孕育生命的地方嗎？彗星到底來自哪裡？歐特雲（Oort cloud）是怎麼形成的？……

從太陽系向外擴展到銀河系，我們想知道的事情更多了。地球之外還有智慧文明存在嗎？是什麼力量在推動銀河系自轉，並形成一個旋渦狀？黑洞的視界之內到底是怎麼樣的？……

再從銀河系擴展到整個宇宙，更多的未解之謎等待人類理解。暗能量是怎麼產生的？伽瑪射線暴是怎麼產生的？星系與星系之間的空間真的是完全空曠的嗎？流浪行星是不是大量存在？蟲洞是真實存在的天體嗎？宇宙大霹靂的原因是什麼？宇宙將會怎樣終結？……

或許在我的有生之年，這些問題都找不到答案。但也許，就在你們中間，會有這麼一個孩子，從此立志探尋宇宙的奧祕，而在我行將就木之前，將解開其中一個謎題。如果有這麼一天，我將為今天寫下這本書而感到無比欣慰。

科學動動腦

本書提到了許多宇宙未解之謎，你對哪個謎題最感興趣呢？你知道除了這些問題之外的宇宙未解之謎嗎？如果不知道，設法找到一個並告訴我。我的信箱是 kexueshengyin@163.com。

探索永無止境。宇宙還有許多未知領域等待我們去發現。

科學
圖書館
003

原來科學家這樣想3：如何測量宇宙膨脹的速度

作者：汪詰
繪者：龐坤
圖片授權：達志影像‧Shutterstock‧iStockphoto
責任編輯：李嬰婷
封面設計：黃淑雅
內文版型：黃淑雅‧劉丁菱
內文排版：林淑慧
校對：李宛蓁、李嬰婷

快樂文化

總編輯：馮季眉　編輯：許雅筑
FB粉絲團：https://www.facebook.com/Happyhappybooks/

讀書共和國出版集團

社長：郭重興　發行人：曾大福
業務平臺總經理：李雪麗
印務部：江域平、黃禮賢、李孟儒
出版：快樂文化／遠足文化事業股份有限公司
發行：遠足文化事業股份有限公司
地址：231新北市新店區民權路108-2號9樓
電話：(02) 2218-1417　傳真：(02) 2218-1142
網址：www.bookrep.com.tw　信箱：service@bookrep.com.tw
法律顧問：華洋法律事務所蘇文生律師

印刷：凱林彩印股份有限公司
初版一刷：2020年5月　初版四刷：2023年1月
定價：380 元
ISBN：978-986-95917-8-2 (平裝)
Printed in Taiwan 版權所有‧翻印必究

國家圖書館出版品預行編目（CIP）資料

原來科學家這樣想3：如何測量宇宙膨脹的速度
　汪詰著；龐坤繪. -- 初版. -- 新北市：
　快樂文化出版：遠足文化發行, 2020.05
　　面；　公分

　ISBN 978-986-95917-8-2（平裝）

1.科學 2.通俗作品

308.9　　　　　　　　　　　　　109004499

科學
圖書館

開啟孩子的視野

科學
圖書館
開啟孩子的視野

科學
圖書館

開啟孩子的視野

科學
圖書館

開啟孩子的視野